U0896791

猴面包树

C H A S E H I L L

H O W T O S T O P N E G A T I V E T H I N K I N G

你为什么总是胡思乱想

[乌克兰] 查斯·希尔 著　丛岑 译

浙江教育出版社·杭州

莉莎心里的最后一点烛光也要熄灭了。身边的人总是叫她别这么消极，她真的听倦了，就好像只要她想，就能一下子乐观起来一样。

汤姆也很沮丧，他知道自己太过消极。人们总说生活在于创造，可这样的话听多了，他反倒觉得自己离生活越来越远了。

一场疫情改变了杰森，恐惧和消极情绪占据了他的生活。他不敢去广场，也不愿踏出房门去面对外边的世界。

同样，萨米也很绝望，感到生命中的每分每秒都那么悲凉。她开始怀疑人生，“奋斗”二字对她而言只是空洞的字眼。

这样的例子还有很多。且不说数量有多大，但与消极情绪做斗争的人绝不在少数。

消极情绪不仅仅是心情不好这么简单，它远比我们想象得复杂。情绪上来时，不是说平复就能平复。情绪反刍一旦开始，我们就会陷入思维的死循环，任由恐惧和焦虑一点点吞噬掉我们。

我们想要在世间寻找美好，在暗夜中找寻一点点光亮，但暗夜总还是暗夜，没有一丝光亮。久而久之，你就会慢慢发现，自己的想法变得越来越消极，就好像一块海绵，因吸满了脏水而变得沉甸甸的。可悲的是，消极思维一旦扎根，你的生活往往会被搅得一团糟。

你是否觉得自己正走在悬崖边缘，不堪重负，只差压死骆驼的最后一根稻草？不用担心，很多人都同你一样。

美国国家科学基金会（National Science Foundation）的研究数据显示，我们80%的想法都是消极的。如果一个人平均每天产生12000~50000个想法，那么消极想法就有9600~40000个。这么多消极想法，光想想便累了。如果把它们汇成一片海，那我们每天在这海里游来游去，一不小心，就会被这海水吞没。

消极情绪与骨折或起皮疹不同，它看不见也摸不着，但却与你如影随形。向他人倾诉或许是一个排解的方法，但不是每个人都能负担得起心理咨询费，也不是每个人都愿意同陌生人交谈。有的人担心自己被区别对待，能选择的只有抗抑郁药物治疗这一条出路。也有很多人甘愿承受痛苦，甚至为自己的所思所想感到内疚。

虽然每个人看待消极情绪的角度不同，但我们要知道，人生不止一种选择，每个人都能学会掌控自己的人生。我写此书就是想要帮助大家以简单且行之有效的方法走出消极情绪，过上幸福生活。

我的第一本书《如何停止过度思考》（*How to Stop Overthinking*）有幸取得了不错的反响。我收到许多热心读者的来信，其中不乏对消极思维这一话题的探讨。

我的第一本书出版后，疫情席卷全球，自然灾害和金融安全问题层出不穷，消极思维也随之急剧蔓延。在这样复杂多变的环境下，我们更应深入思考如何应对消极思维，使自己悬着的一颗心安定下来。

在我看来，对付消极情绪的方法要简单明了、层次清晰并可分步执行。为此，我提出了七步法[1]，即“了—解—打—消—重—放—收”。这七个简单的步骤可以帮助你了解消极想法的源头，做出改变，走出消极思维。

在随后的章节中，我们会一点点深入了解消极思维，通过七步法帮你应对胡思乱想，具体步骤为：

了——了解大脑运作方式。

解——解析思维模式。

打——打败消极思维。

消——消除精神反刍和过度思考。

重——重塑大脑，控制情绪，减轻压力。

放——放下消极情绪和担忧。

收——收获正能量。

本书的七个章节会分述这七步，让你能从多个角度了解

1 作者的七步法原文为“L.I.B.E.R.T.Y”，意为“自由”，7个字母取自7个步骤首个单词的首字母。为方便读者记忆，此处做归化处理。——译者注

消极思维。大脑如何运作？消极想法源于何处？那些让我们深陷其中的思维模式和习惯是怎样的？这些问题我都会一一做出解答。此外，书中还会穿插简单易行的技巧和小练习，给予你支持与鼓励，帮你在家轻松地为未来做准备。

本书的结尾不仅仅停留在积极思维上，谈的更多的是如何做出改变，从方方面面照顾好自己的生活，让自己充满活力，做好准备，迎接新的开始、新的机遇、新的一天。

我也曾跌入谷底，经历了一段暗无天日的日子。我每做一个决定，都要反复思量，久而久之，便陷入一种惯性思维。我开始怀疑一切，小到早餐吃哪种麦片，大到人生的方向，每走一步都如履薄冰。

女朋友觉得我缺乏信心，于是愤然离开了。工作中，我认为自己表现不够好，于是错失了晋升的机会，也因此开始厌烦工作。我懊恼不已，想搞清楚为什么事事都不如意，但又没有整理思绪的勇气。

恍惚之间我突然发现，身边竟连一个真朋友也没有了。我才恍然大悟，自己必须做出改变。之后，我开始学习与研究，了解该做什么不该做什么，从小的改变做起，慢慢走向大的进步。

我向自己许诺，不仅不要再过暗无天日的生活，还要帮助其他人远离谷底。我热爱心理学，也正是这份热爱助我实现了巨大的职业转变——现在的我是一名持证上岗的生活教练和社交互动专家。我帮助的人越多，就越有动力去探索其他领域，我也就这么坚持到了今天。

市面上有非常多关于消极情绪、思维模式和改变生活的书，我读了很多，也都是一边读一边点头。虽然每本书都有其可取之处，但从未有哪一本真的让我读后感到自己有切实的变化。

的确，理解与实践是两码事。要想看到变化，光点点头是不行的。我们要理解思维背后的科学依据并且付诸实践。大脑存在消极偏见，但了解了这一点并不意味着我们就能打破情绪反刍的死循环。我们还需要对的方法、对的工具。这些我都会在本书中慢慢介绍。

我知道，要做出这样的改变绝非易事。它需要坚定不移的意志、持之以恒的付出和日复一日的坚持。我们要相信：道路虽漫长，但终有到达终点的一天。改变不在一朝一夕，世界并不会因你一觉醒来就变得完全不同。要是改变思维真那么简单，又哪里会有那么多在消极思维中苦苦挣扎的人呢？

但请你不要灰心，按照书里的七步法不断实践，更美好的生活离你就仅有七步之遥。让我们首先踏出第一步，了解为什么大脑会陷入消极思维的旋涡之中。

目录

第一章

了解大脑
——天生的消极派?

面对消极思维，我们首先要摆正心态，不要因为有消极想法而自责。或许有人会说，你就是一个消极的人，而且没有努力做出改变。但从科学角度分析，这样的说法本身就是不对的。我们的大脑会更容易陷入消极想法的旋涡，这主要有以下两方面的原因。

一方面，当我们感到压力或害怕时，大脑会释放多种荷尔蒙激素，包括皮质醇和肾上腺素等。这两种激素在“战斗或逃跑”[1]反应中起着至关重要的作用。“战斗或逃跑”反应是人体在面对危险情况时选择的一种保护性反应模式。同时，过高水平的皮质醇会对人体健康造成许多负面影响，比如：

- 体重增加。
- 长痘。
- 皮肤变得敏感。
- 容易瘀青。
- 身体乏力。
- 过度疲劳。
- 高血压。
- 头痛。

同样，肾上腺素分泌过多也会导致血压升高、头痛、体重增加和过度焦虑，同时会增加罹患心脏病和中风的

1 “战斗或逃跑”反应（Fight-or-flight response）又称“战或逃”反应，该术语1929年由美国心理学家怀特·坎农（Walter Cannon，1871—1945）创建。——译者注

风险。虽然适量的皮质醇和肾上腺素对人体有一定好处，但我们一旦坠入消极思维的旋涡中，皮质醇和肾上腺素大量分泌，身心健康便会受到极大影响。

另一方面，“战斗或逃跑”反应过激还会导致其他问题。我们的大脑中有白质和灰质。两者分工不同，白质主要起传导作用，实现灰质之间的信息传递，而灰质负责信息处理，是有效应对压力的不可或缺的部分。大脑白质会随着皮质醇的升高而增加。在心理压力大且极度恐惧的情况下，如果白质占主导地位，可能会引发信息处理方面的问题，这样我们就难以破解复杂的问题。

想法不那么消极的人也许会退一步，从不同角度去审视情况，但对于处于“战斗或逃跑”反应过激状态下的人来说，问题很难解决。

我们还要考虑的一点就是训练——大脑是一个器官，它同肌肉一样，可以被训练。

大脑遵循着一种错误的运作方式，但这并不是我们的错。在我们的脑部中，右侧前额叶皮层负责处理消极想法，左侧前额叶皮层位于大脑的顶部左侧。

随着大脑扫描技术的发展，我们发现，抑郁症患者的右侧前额叶皮层通常过度发达，而左侧前额叶皮层往往不发达。这就像如果只用右臂去练习举重，那么左臂的训练进度便会一直滞后。

话虽如此，但大脑与肌肉毕竟不同。那么，大脑实际上是如何运作的呢？大脑有超过860亿个神经元，每个神经元平均有7000个突触（即与其他神经元连接的结构）。我们所有的消极想法和经历都会被存储为记忆。每当我们回忆起一段记忆时，突触就会得到加强。这些记忆被访问的次数越多，消极想法就越容易再次出现（Crawford，n.d.）。

大脑真的有“消极偏见”吗？

至于“消极偏见”，我们可以追溯到人类的祖先，他们需要时刻警惕环境中的危险，因为其自身的警惕程度决定了他们能否生存下来。当然，人类已经进化了相当长一段时间，不会时时面临危险。但是，这种消极性倾向的基因仍然从人类婴儿时期就开始发展，在某些人身上被不断放大加强，从而让他们陷入消极的旋涡。

多年来，心理学家一直关注大脑的消极偏见，比如，芝加哥大学心理学教授约翰·卡乔波（John Cacioppo）就对大脑皮层的活动进行了研究。试验者将被试分为两组，一组人接受积极情绪图片的刺激，另一组人接受消极情绪图片的刺激。结果显示，与积极图片相比，消极图片能引起更强烈的脑电波活动。

杏仁核是与情绪和动机加工相关的脑区。神经心理学家里克·汉森（Rick Hanson）博士发现，杏仁核中约有三分之二的神经元是用来发现消极情绪的。

如果三分之二的情绪和动机加工都集中在消极情绪上，那么我们就不难理解为什么大脑会有消极偏见了。

更重要的是，一旦负责消极情绪的神经元非常活跃并占据主导地位，杏仁核则会迅速将这些消极情绪储存在长期记忆中。这就是为什么比起积极的体验，我们更容易记住消极或痛苦的经历；比起赞美，侮辱更难令人忘怀；以及为什么我们更倾向于消极思考，而不是积极思考。

卡乔波教授还发现，我们在做决定时会更多地依赖消极信息。此外，动力也会受消极情绪较大影响，表现为我们在设定目标时，更多的不是关注实现了目标后能获得什么，而是考虑为了达到目标会失去什么（Cacioppo et al.，2014）。

试想一下，如果你与朋友或伴侣发生争执，事后你想到的是你们曾经的美好时光和爱的初衷，还是他/她的缺点、不愉快的记忆和消极的过往？事实上，想起的往往都是后者，因为大脑总是倾向于思考消极的事物。

为什么会出现反刍思维?

要理解反刍思维，我们首先要区分两个容易混淆的概念，即过度思考和反刍思维。过度思考是指花费大量时间去思考一种情绪、一个行动或一段经历。这个决定并没受消极情绪左右，所以只能算作过度思考。反刍思维也表现为过度思考，但思考的是负面情绪，包括已经发生的事情和不一定发生的事情。陷入反刍思维时，我们会把一件事翻来覆去地想，比如：

- 晚上出去玩，喝醉酒后做了蠢事。
- 做演示时出现了一个失误。
- 考试不及格。
- 和心爱的人争吵。
- 生病。
- 失去工作、朋友或伙伴。
- 全球变暖和世界末日。
- 在社交场合和陌生人说话。
- “如果……怎么办？”和“要是……就好了”。

这样的例子有很多，这里只列举了几个。由于个体差异，我们在意的事情也会有所不同。有些人可能会嘲笑那些总是担心天有不测风云的人，认为他们杞人忧天，有些人则觉得，为过去的事担心是在用软米粥拌粉面——稠（愁）上加稠（愁）。

消极思考者们的背景不同，消极程度也不同。基于多年的辅导经验，我整理了以下几个消极想法——这些想法最为常见，却也对个体的发展最为不利。

- 这我肯定做不到。
- 他们都比我强。
- 我失败了。我是个失败者。
- 我永远也不会原谅他们。
- 我当时要是不那么做就好了。
- 太迟了。
- 这回要大祸临头了。
- 太难了。
- 一天的好心情都被毁了。

我们总觉得自己要做些什么去解决问题，这便是产生反刍思维最常见的原因之一。如果你害怕失去工作，每天在办公室战战兢兢，把每一天当作在公司的最后一天，日复一日，你的思想就会被反刍思维支配。在潜意识中，我们认为自己要想办法避免失业，于是开始思考相关问题，在大脑中重复排演可能出现的情况。这样，最初对失去工作的恐惧就会转变为所谓的“主动思维”，试图积极主动解决问题。

对于思想开悟的人来说，不过度担心某个问题或许不难。但对不少人而言，情绪的开关不是说关就能关的，反刍思维和内心的担忧情绪往往很难控制。在生活中，每个人都或多或少会有担心的时候，但如果担心过度，影响到工作和人际关系，就可能患广泛性焦虑症[1]。在美国，有680万名成年人患有广泛性焦虑症。更令人忧心的是，不仅是成年人，还有25.1%的13~18岁青少年也受到焦虑症的影响（ADAA，n.d.）。

实用小练习

让我们一起来做个小练习吧！回想一下上周或上个月的事，再列出10件你之前担心会在本周或本月发生的事。现在想一想，其中有多少件事真的发生了。我把自己常担心的事列了出来，给大家做个参考：

1 广泛性焦虑症（Generalized Anxiety Disorder，GAD）又称广泛性焦虑障碍，是一种很常见的焦虑障碍。患者多有过度焦虑和紧张的表现。——译者注

1. 我肯定会睡过头。（×）
2. 见新客户时，我肯定会犯错。（×）
3. 我熬不过体育课。（×）
4. 地铁会出事故。（×）
5. 父母会念叨，让我花时间陪他们。（√）
6. 父母会生病。（×）
7. 度假的钱还没存够。（×）
8. 朋友们会笑话我的发型。（×）
9. 我会被老板炒鱿鱼。（×）
10. 和朋友周末聚餐，我会把晚餐搞砸。（×）

我的这10种担心中只有一种真的发生了，不过唯一发生的这件事本身就超出我能控制的范围。也就是说，忧虑之事发生的概率只有10%，这和现有的研究结果是基本一致的。

据宾夕法尼亚州立大学的研究显示，广泛性焦虑症患者的担忧之事有91.4%都没有发生（LaFreniere & Newman，2018）。既然绝大多数的担忧之事都没成真，那为什么还要担忧呢？这就要回到消极偏见问题上。我们的大脑存在消极偏见，会自然而然地为我们做最坏的打算。虽然我们从逻辑上知道没有必要担忧，但固有的消极偏见会让我们很难真的停止消极思考。

6个消极的典型错误思维

之前我们已经讲过大脑有消极偏见，但这并不意味着我们要任由自己被消极情绪所包围。我们审视自己犯下的过错时，也并不一定是愁上加愁。往事不可追，我们改变不了过去，但可以通过了解常见的错误，避免日后重蹈覆辙。不要担心，还有很多读者和你一样，一边读这些文字一边点头，在为克服消极思维而努力着。

错误1：凡事非黑即白

世间的很多事都很难“一刀切”，没有绝对的对错、喜悲或好坏。生活太过纷杂，又怎么能完全分辨黑白呢？与其给事物打上积极或消极的标签，倒不如认真看看事物的本来面目。如果我们只看沙漠中的一角，很有可能会错过整片绿洲。后退一步，我们就能更好地看到事物的全貌，做出更恰当的决定。

当世界不再只有黑与白，我们的选择会更多，也更容易调整自我。试想一下，如果今天你感到消极，想要明天一下子乐观起来，那就要做出很多努力，这个跨度就太大了。但我们如果降低目标，想着明天只要感觉还可以就行，后天感觉不错，大后天开心起来……这样一步一个脚印，心理压力就会小很多，也更容易实现目标。

错误2：假装若无其事

俗话说："眼不见为净，心不念不烦。"但这话要是用在处理消极想法上，恐怕不是一个好方法。你或许能把消极想法暂时撇在一边，但这样做是解决不了问题的。若无其事或置若罔闻只会让情况变得更糟。

错误3：自觉力不能及

的确，生活中有很多事我们力不从心。在人生低谷时，我们会切实地感受到了这一点，仿佛在眨眼之间，我们就失去了对生活的掌控感。我们可能失去了身边的人，可能失去了工作，甚至可能失去了家园。在很长一段时间内，我们可能还失去了自由。这种一点一点失去掌控生活的感觉是可怕的，但不要忘记，我们还是可以掌控自我，掌控自己应对当下这一切的方式。

错误4：总做假设和错误预判

在考虑可能发生的事情时，我们会在记忆中寻找与之相关的经历。举个例子，如果你曾经有过贝类食物中毒的经历，那么当你再吃贝类的时候，就会回忆起之前食物中毒的经历。同理，如果你有一次骑马摔倒了，那么再骑马的时候，你就会先想一想这次会不会也发生同样的事情。虽然历史不一定会重演，但我们还是会习惯性地预测结果。并且在预测的时候，总是把注意力放在消极的过往上，再加上大脑的消极偏见，我们就很容易误判一件事的结果。

错误5：只看到消极情绪的负面性

消极情绪对我们的影响，也许从某些方面来说并不是一件坏事。你有没有想过，消极情绪和焦虑也可以起积极的作用？比如说，你因为害怕搭不上航班，所以准备了后备出行方案。一个人走路回家让你不安，所以你选择打车回家，这样确实也会比较安全。

我并不是说要全盘接受所有的消极想法，而是说重点在于把握好“度”。生活并非十全十美，完全排除消极想法对我们来说并不一定是有利的。想想我们的祖先，他们会有效利用焦虑感和消极情绪来保持警惕性，这更有利于其生存。

错误6：一味地想摆脱消极思维却忽视对自我的关爱

很明显，消极思维会诱发许多其他身心问题。你有没有觉得自己的信心跌落到谷底？有没有讨厌镜子中的自己，甚至已经不认得镜子里的那个人？如果是，那么你一直以来承受了很大的压力，已经太疲惫了。这个时候，虽然我们想要减少反刍思维，但更要懂得照顾好自己，给自己一份关爱。

找寻暗夜中的星光

当今社会，消极情绪正在不断滋生和蔓延。新闻、网络和社交媒体都把消极情绪推到了前所未有的地步。1348年，黑死病在欧洲暴发，但那时远在美洲的人不会了解到它有多么致命，新闻也不会全天候播报。

尽管全人类的日子都不好过，但总有人喜欢雪上加霜，不断传播消极情绪。社交平台上四处散播着恐慌和仇恨，那些年社交媒体只用来社交的简单日子又去哪儿了呢？

当然，暗夜中总归还有星光。如果你留心观察就会发现，世上还是有很多人都在为美好的明天尽一份力的。有的国家接纳因战争而流离失所的难民，有的公司积极种植树木，还有的人发布有趣的图片，只为让大家开怀一笑。社交媒体也还是有温暖的。近年来，“Black Lives Matter”和“Me Too”[1]等运动在全球社交媒体中引起热议，推动了反抗不公正行为的进程。我们要相信，纵使暗夜茫茫，也总能找到点点星光。即使我们身陷消极思维的旋涡，也总有摆脱它的希望。

1　“Black Lives Matter”和“Me Too”是社交网络话题标签。“黑人的命也是命”（Black Lives Matter）是反种族歧视和暴力活动的口号。“我也是”（Me Too）运动为反性侵运动。——译者注

多年来，科学家一直致力于研究大脑神经连接机制和消极偏见的原理。研究人员也在寻找有效的方法，帮助人们克服消极思维模式，甚至打破由消极偏见引起的恶性循环。或许你已经尝试过许多方法，但都没有成功。渐渐地，你可能会觉得这些方法没有用：既然以前没有效果，那么现在也不会有效果。

虽然之前没有成功，但我们不能丧失信心。人各有异，不是每种方法都适用于所有人。我在设计七步法时，正因考虑到个体差异，每一步都针对人的不同个性提出了不同的应对策略。如果你之前的努力没有结果，那么不妨跟我一起再试一次。也许在第一次尝试的时候，你还没有做好心理准备，或者当时没有完全理解消极思维的根源。那么再试一次，也许就能成功！

现在我们已经对消极情绪和反刍思维有了充分的了解，知道了大脑特殊的神经连接机制，还知道了大脑存在消极偏见。那么下一步，我们就可以开始观察不同的思维模式，清晰定义消极思维。在下一章中，我会介绍3个实用工具。纸和笔都准备好了吗？让我们一起迈出下一步吧！

第二章

解析思维模式
——3个简单实用的自测工具

在上一章，我们介绍了大脑机制，知道了大脑总是倾向于思考消极的事物。这样一来，我们也能用更包容的心态去看待自我。

然而仅仅停留在这个层面上，消极情绪还是可能会占据主导地位。

因此，我们接下来需要更加深入了解个体的思维模式，这样能更好地理解并运用后文提出的技巧和方法，最终摆脱消极思维。

消极思维的5个类别及12种模式

在介绍消极思维的特点之前，我们先来了解一下两种常见的思维模式，即成长型思维模式和固定型思维模式。拥有成长型思维模式的人通常会以健康的心态去看待事物，相信自己的能力和智慧可以通过不断努力得到提升。以固定型思维模式思考的人则会认为自己永远无法掌握一项新技能，或者觉得自己能力不足，成不了事。消极思考的人往往会被困在思维定式中，觉得自己无法跳脱出当前的思维模式。关于这一点，我们将在下一章介绍一个实用练习，帮助你培养成长型思维模式，以真正相信自己可以改变消极的思维方式。

消极思维可分为以下5类：

◉ **自动化消极思维**：这类消极想法会在脑中突然浮现，就好像凭空冒出来的一样。

◉ **认知扭曲**：这类消极想法往往反映你对现实的错误感知，缺乏证据或事实根据。

◉ **“真”消极**：这类消极想法多源于客观事实或你所相信的现实情况。

◉ **无用功**：如果你留意到自己产生了一些无用的消极想法，那么这些想法可能会对你的行为产生一定影响。消极情绪会影响决策过程，无用的消极想法对于实现目标是不利的，有可能会让我们走岔路或绕远路。

◉ **侵入性思维**：侵入性想法通常与可怕的、暴力的或最糟糕的事情有关。这种思维一旦出现便很难停止，可能会进一步引起焦虑和恐慌。

在了解以上5类消极思维后，接下来我们一起来看看12种消极思维模式。

1.“全或无”/非黑即白

“全或无”的思维模式也就是我们先前提到的“非黑即白”的思维模式。以这样的方式思考的人，看待事物往往会极端化。朋友要么爱你，要么恨你；演讲要么非常出色，要么不及格。

2. 过度概括/以偏概全

从很大程度上来说，将事情过度概括属于固定型思维模式的一种。具体地讲，你可能有过一段不愉快的经历，然后就觉得之后的事情都会像以前一样不愉快。举个例子，你经历了一次很糟糕的约会，所以觉得以后没必要再去约会了，反正结果都会很糟糕。

3. 选择性注意

拥有这种思维模式的人的大脑就像沥水篮一样，会过滤掉积极的想法，只关注消极的想法。在被提出建设性批评的时候，这种感受尤为真切，虽然有正面评价，但负面评价往往更让人难以忘怀。

4. 拒绝正面事物

你可能有过一些积极的念头，但觉得它们不重要，因此并不觉得两者有关。

5. 做假设

说到“做假设”，我们可能会想到偏执狂或非理性的恐惧。虽然这些概念有些许不同，但这种感受是很真实的。让我们来举一个与健康相关的常见例子。在疫情的特殊时期，如果我们觉得食物的味道和之前尝过的不一样，就可能怀疑自己味觉出了问题。尽管没有出现其他症状，我们还是会假定这症状与新冠病毒有关。这些思维模式都属于认知扭曲的范畴。

6. 读心术

拥有这种思维模式的人觉得他人对自己满怀恶意，觉得自己在别人眼中是怪人、蠢人、胖人。但是，我们对他人想法的解读常常有失偏颇。

7. 预测未来

这种思维的人认为自己能预测到未来会发生什么。但这些预测并非基于事实，而是基于消极思维。举个例子，你认为自己在瑜伽课上不会受欢迎，所以觉得根本没必要去练瑜伽。再比如，你认为自己不会得到提拔，所以觉得争取名额只是徒劳无果。

8. 过分夸大

在生活中，我们有时会过分夸大事情的影响，放大自己的负面情绪。你犯了一个错，觉得后果非常严重，但实际上它可能并没有你想象的那么严重，别人在通向成功之路上也可能犯过同样的错误。在信息时代，我们要理性看待社交媒体平台上的各种信息，比如不能因为一张照片而夸大他人的成就或幸福。

9. 过分贬低

过分贬低自我会让我们的积极性大打折扣。这种思维模式下我们取得了成功，非但没有庆祝，反而将它不当一回事，轻视它的价值。这就好像你还清了所有债务，却并不开心，心里要么总想着自己没有任何积蓄这件事，要么就是因为当初欠债而生自己的气。

10. 完美主义

在现实生活中，我们很难做到事事尽善尽美。每个人都不是完美的，都有缺点，也都会有犯错的时候。如果我们把目标定得过高，就很容易感到愤怒和沮丧，进一步强化固定型思维模式，认为自己做不成事。

11. 自责

我们不必将生活中的不如意都归咎于自己身上，要学会既勇于承担应有的责任，也要放下过度的自责和内疚。如果事情发展不顺利或有不可控的情况，这并不是你的错，你唯一能做的就是控制好自己的情绪。

12. 贴消极标签

无论是因为犯错而内疚还是追求完美，不要为此给自己贴上消极的标签，认为自己软弱、差劲、不负责任，觉得一切都是自作自受。

一定要明白，现在的你虽然被消极思维困住了，但这不是你的错。正如我们之前所说，大脑本就更偏向于从消极的一面看事物。虽然我们知道大脑有消极偏见，但你是不是仍旧觉得很难转换思考角度、看到事物的全貌?

心智模型是我们理解世界的认知框架，影响着我们看待世界、做出决策的方式。如果心智不能成长，我们最终恐怕只能坐井观天、消极度日。

心智模型

对世界的认知和理解是非常复杂的，我们不仅要考虑生活的方方面面，还要理清事件和情绪之间的联系，看到机会并把握机会。而这些，都离不开心智模型——它可以帮助我们梳理信息，让我们更好地看清现实。

对于我们许多人来说，如果看不清事件脉络，就算想做个最简单的选择也是非常难的。更清晰、更真实地理解和认知生活现状，我们就能更好地做出正确的决定。

如果你玩过乐高积木玩具的话就知道，要想拼出一个作品，需要许许多多的积木块，心智模型也是如此。如果我们只有几个积木块，那么能做的事情并不多。我们拥有的积木块越多，可能拼装出的模型就越多。

让我们来举个学校教育的例子。如果政府在设定教学目标时缺乏全面考量，那么教师一方面要遵守政府指定的教学标准，一方面又得试图让教学变得更加生动有趣。同样，学生承受着来自标准化考试和无效教学的双重压力，家长也因为孩子糟糕的作业和分数而饱受折磨。

每个人在看待问题时所用的心智模型都不尽相同。多了解不同的心智模型，可以帮助我们找到解决问题的最佳方案。

心智模型有上百种之多，从数学到生物，从思维到人性，涉及生活大大小小的各个方面。下面，让我们一起来看看8个核心的心智模型。这些模型可以帮助我们进一步提高决策能力，我们可以多做尝试，多加利用。

1. 第一原则推理[1](Reasoning from first principles)

当我们试图解决问题时，很容易迷失在问题的诸多相关因素中。在用第一原则推理时，我们要就每个问题找到三类信息，即事实、想法和假设。如果你能抽丝剥茧，区分这三类信息，最后就更可能得到纯粹、真实、合理的内容。通过第一原则思考问题，我们可以依靠准确的信息来找到解决问题的方案。

1　第一原则推理有时也被称为第一原则思维或第一性原则（First principles thinking）。亚里士多德在《形而上学》中将第一原则定义为“认识事物的第一基础”。（1013a, 14-15）——译者注

2. 思想实验（Thought experiments）

我们可以发挥自己的想象力去探索与尝试任何可知的事。最著名的思想实验之一是伽利略的“双球实验”。他通过思想实验，对前人的观点提出质疑，随后从比萨斜塔上抛下两个重量不同的铁球，以研究重力和加速度，对自己的假设进行了实践。通过思想实验，我们可以对不同的情况做出假设，从错误中学习并预估结果，避免在将来再犯错误。

3. 一阶思维与二阶思维（First- v.s. second-order thinking）

如果杯子掉到地上，它会被摔碎。这就是一阶思维的例子，我们预见到了行为的直接结果。二阶思维则会更进一步，考虑行为的后续影响：接下来会发生什么？我的行为会有怎样的后果？我会想，那只杯子是奶奶给我的礼物，承载着我对过去的怀念之情。而且在我所有的杯子中，只有这个杯子的容量够大，用它喝一杯咖啡，就能精神一天。这只是一个非常简单的例子，但如果不断地训练自己，在看待问题的时候想得更长远一点，我们就能更好地为未来做打算。

4. 概率思维（Probability）

概率思维是指我们利用数学计算和科学方法来预估特定结果发生的可能性。这个心智模型对于消极思考者来说格外实用，能够提高其决策的准确性。

让我们来举个例子。看到“华盛顿入室盗窃案数量翻倍”这个标题，你的第一反应是什么？也许有人会觉得华盛顿并不安全，此后对其避之不及。但如果我们仔细看数据，感觉或许就会很不同。据美国联邦调查局的《统一犯罪报告》（*Uniform Crime Reporting*）显示，生活在华盛顿被盗的风险仅为0.11%（FBI UCR，2019）。如果我们按标题所说的“翻倍”计算，那么盗窃案发生在自己身上的概率也就只有0.22%。这样，通过概率计算，我们在看待问题时可以做出更加准确的判断。

5．逆向思维（Inversion）

逆向思维指的是改变我们看问题的视角，将问题反转，从反面来思考问题。我们通常会从正面去思考问题，从事情的起点开始分析，但如果我们从后往前推，或许可以发现过程中可能出现的障碍，然后提前消除它们。

6．奥卡姆剃刀（Occam's razor）

奥卡姆剃刀原理又称“简单有效原理”。简单地说，如果采用两个不同的理论可以得到相同的结果，那么最好选择更简单的那个。但是，优先选择简单的解释并不是把“简单”和“正确”画等号。在某些情况下，尤其是在科学应用方面，我们需要用批判性思维来分析问题。就拿头痛来说，如果只是考虑最简单的解释，认为身体脱水了，那这样就忽略了患脑瘤的可能性。所以说，要合理地运用奥卡姆剃刀原理。

7. 汉隆剃刀（Hanlon’s razor）

大脑有消极偏见，所以我们遇事很容易做最坏的打算，但如果事事都如此，有可能会患上妄想症。汉隆剃刀原理指出，在解释事情的时候，不要直接将其归因于恶意，有可能只是别人做了件蠢事而已。举个例子，有个同事在汇报工作的时候没有提及你为项目付出的努力，但事实上他（她）可能没有想要打压你的意思，而是他（她）的心思不够细腻，忽略了你的感受。

当然，就像我们在阐述奥卡姆剃刀原理时说过的，还是要辩证地思考问题。现实生活中也不乏小人存在，他们处处算计、利用别人，所以还是要小心。汉隆剃刀原理可以帮助我们减轻精神负担，不把人和事想得太坏，留有一份思考的空间。

8. 能力圈（Circle of competence）

也许你在某一方面是专家，也许你擅长很多事，也许你对一些事情一无所知。如果我们一直以固定的思维模式去看待事物，就很难发现自己的不足。不过不用担心，这一点可以通过学习来提高。有时候要做出明智的决定，我们需要提前做好准备，学习相关的知识，保持谦逊。

我们要循序渐进，切莫急于求成、想要一下子掌握所有的心智模型，否则就不能持之以恒，有损自身的长远发展。我建议每次尝试的时候，都先只选择一个模型来进行练习，待熟练掌握后再逐渐拓展到其他技巧。

3个心理自测工具

在进行消极思维模式测试前，我们必须首先记住，一些消极思维会自动产生，这是我们无法控制的。可能在某一瞬间，一个念头就会出现在你的脑海里，你也不知道它从何而来，但它就这样出现了。虽然你没法控制它的出现，但可以选择如何去看待它。你可以试着从更积极的角度去重新审视这个想法，你也可以选择低估或放大它的重要性——但结果往往是陷入反刍。这都归咎于我们自己的选择。

如果我们想要探究自己是否有消极思维方面的问题，就一定要诚实地面对内心的消极想法。

举个例子，如果你发现自己的银行账户里只有100美元，你的第一反应是怎样的？我们可能对此会有不同程度的消极反应。你对自己越坦诚，就越能看清自己的消极程度。

自测工具1

我们在前文已经学习了消极思维模式的特点，下面我介绍的第一个自测工具简单又实用，汇集了12种消极思维模式。请拿出纸和笔，把下面的这12种模式抄写一遍：

- “全或无”/非黑即白。
- 过度概括/以偏概全。
- 选择性注意。
- 拒绝正面事物。
- 做假设。
- 读心术。
- 预测未来。
- 过分夸大。
- 过分贬低。
- 完美主义。
- 自责。
- 贴消极标签。

以上12个消极思维模式，你中了几个？回想一下自己的经历，你能否对应每个特点举出真实的例子？如果你有写日记的习惯，那么不妨翻一翻自己的日记，看看以往的经历，或许会有更多发现。想不出例子也没有关系，那我们就接着往后看下一个特点。

如果你发现自己符合特点超过3个，那就要注意了，你是时候积极行动并做出改变了。符合的特点越多，说明问题越严重。

如果只符合一两点，也并不能排除没有消极倾向。你仍然可以通过本书中介绍的方法来提升生活的幸福感。

自测工具2

由于大脑自动化思维，我们有时很难察觉到自己的消极情绪。这就好像家里有一只大象，很多时候就假装它根本不在家里。我要介绍的第2个自测工具里包含20个陈述句。请根据你的实际体验，用“从不”“有时”或“总是”来描述每个句子所述情况发生的频率。

1. 我会因现状改变而紧张，我更喜欢让事情保持原样。

2. 当我觉得自己可以比别人做得更好时，就会接手做这件事。

3. 我在做任何事之前都需要先制订一个计划。

4. 我需要严格遵循计划中的每一步。

5. 按照我制订的计划，我坚信自己会得到想要的结果。

6. 我做事必须要有一个理由。

7. 我会用很多否定表达，比如“不”“不能”“不会”等。

8. 我经常怀疑自己的能力。

9. 我需要花很长时间才能做出一个决定。

10. 我没有把说过的事都落实。

11. 我有很多消极情绪，比如愤怒、嫉妒和悲伤。

12. 我觉得前途未卜，令人担忧。

13. 过去的错误会影响我现在的想法。

14. 我觉得自己不能犯任何错误。

15. 因为不能犯错，所以我只相信自己。

16. 我很难相信他人的话。

17. 无论是别人或我自己，我都没法完全相信。

18. 没有达到目标，我会不开心。

19. 我会按自己的标准来评判他人。

20. 对于想要的东西，我会很执着地追求。

以上这些描述可以从一定程度上反映出你看待事物和自身的心态。除了积极和消极心态之外，这些描述还有更深层次的含义。在进一步探讨之前，我们先来问一问自己：有没有认真回答每一个问题？如果没有，那不妨再看一遍，坦诚地面对自我。如果你准备好了，那让我们一起来分析一下这20个陈述。

1. 害怕改变会框住自己，让自己局限在固定的思维模式之中。我们无法阻止变化发生，与其将精力放在不可避免的事情上，倒不如给自己更多的灵活性，以开放的心态去看待事物的变化。

2. 如果我们试图掌控一切，最终会身心疲惫。我们要学会将控制权分给他人，接受无法控制的事，并把精力放在能够控制的事情上，从而不断向目标迈进。

3. 制订计划有助于实现目标，但我们不必强迫自己做计划，也不需要每做一件事都要找一个理由。那样的话，计划反而会成为负担，让我们没法享受当下。如果计划中还涉及他人，事情往往很难完全按照计划发展，结果就可能会不尽如人意。

4. 正如我们之前所说的，制订计划在一定程度上是有利的，关键是我们要学会把握好“度”。如果你过分执着于计划的每一步，那么就把自己局限在计划之中了，缺乏适度的调整空间。要知道，不是所有的事情都尽在我们的掌控之中。

5. 我们制订的计划很可能本身就存在缺陷。在这样的情况下，我们如果对计划深信不疑，就很容易因为事情发展不符合预期而失望。我们会太在意结果，却忘记了享受过程、活在当下。

6. 合理地运用逻辑思维能力可以帮助我们更好地达成目标，但因为某事有一点不合逻辑就选择放弃，这样未免有些极端。我们会渐渐无视内心的直觉，错失生命中美好精彩的瞬间。

7. 常把消极的话语挂在嘴边，会让我们一直处于消极状态。大脑会逐渐形成思维定式，这样我们就很难真正跳出边框，看外边的世界。

8. 这样的想法和消极表达是类似的，会影响我们对现实的判断，让我们很难换个角度重新看待事物。

9. 如果我们想要更快、更好地做出改变，那就要尽量避免优柔寡断。这样做或许能暂时逃避内心害怕或不愿尝试的事情，但只能获得一时的平静，不能解决问题。犹豫不决也反映出我们并不相信自己的判断。

10. 言而无信是不负责的行为。如果我们总是无法坚持到底，就不光是不遵守承诺的问题了。我们可能会怀疑自己到底能不能坚持下去，并且也害怕让别人失望。

11. 我们往往会沉浸于往昔之中，对他人或自己的过错耿耿于怀。但面对消极的感受和情绪，我们要学会消化和释放。

12. 与其担心未来，不如好好把握现在。道理虽然如此，但真正做起来还是有一定难度的。我们要知道，一味担心只会消耗我们的精力。世事变幻无常，我们没法准确预测明天究竟会如何。

13. 担心过去发生的事并不会给我们改正错误的机会。过去发生的一切都是宝贵的经历，而不是对积极思考的阻碍。让我们吸取教训，学习、进步。

14. 对“零错误”的执着通常与自我膨胀有关，但此处这份执着更多地来自对控制的渴望。

15. 只相信自己，不相信别人，日子也就过得越来越闭塞。这是一种自我保护的方式，但这种方式会让我们失去许多生活的乐趣。如果稍微留一点空间，那么我们就不仅有掌控感，还能多一份幸福感。

16. 一丝怀疑可能会被不断放大，发展为非常消极的想法。在这个“后真相”时代，有太多的假消息，要相信他人的话并不容易。尽管如此，我们还是要找到适当的方法，慢慢打开心门，学会信任他人。

17. 很多时候，因为伤痛的经历，我们不再相信他人。在生活中，如果有些人让你因为各种理由没法相信他们，那不妨试着与他们暂时保持距离。一个人对自己失去信任往往是因为太过执着于以往的过错。

18. 设立切实可行的目标可以激发我们前进的动力，但并不是只有实现目标才能让我们快乐。我们要清晰地知道自己想实现什么，什么能让自己快乐。

19. 我们对别人的生活并不了解，所以用自己的量尺去评判他人是不合适的。每个人都有自己的难处和消极的想法，有自己的路要走，我们要做的就是坚持自己的标准，走好自己的路。

20. 无论何时，我们都要为了目标努力奋斗。我们不会因为追求目标就成为自私的人，但也不能为了追求目标而伤害他人。要注意的是，目标最好不要定得太死，要一点一点地向目标迈进，不局限于一时的得失，而应当以长远的目光看待整个过程。

自测工具3

世间万物并非只有黑白两色，我们要学会从不同的角度看待事物。我要介绍的第3个自测工具就是从积极的角度来分析我们的生活态度，帮助我们更全面地了解自己的内心，建立对正面事物的感知，培养积极乐观的心态。

以下13个陈述，按照程度对每一个陈述作出回答，按1~5分计（“从不”计1分，“极少”计2分，“有时”计3分，“经常”计4分，“几乎总是”

或“总是”计5分)。请根据你的实际情况作答并计算自己的总分。

1. 如果因为某事你不得不改变计划，你会寻找新情况中积极的一面。

2. 你喜欢大多数你遇到的或和你打交道的人；即使不喜欢，也至少可以与他们和睦相处。

3. 你认为明年会比今年更好。

4. 你愿意停下脚步环顾四周，欣赏世界的美。

5. 你可以区分一个人是在给予你建议还是对你或你的行为不满。

6. 你会更多地说朋友和家人的好话。

7. 你相信人类会做出改变来改善地球环境。

8. 当有人对你食言时，你会感到失望。

9. 总的来说，你觉得自己是快乐的。

10. 你不会介意别人开你的玩笑。

11. 你的精神状态会影响你的身体健康。

12. 你是自己最喜欢的人之一。

13. 在过去的几个月里，你取得的成功比遇到的挫折更多。

如果你的总分超过50分，那说明你的心态十分积极乐观。如果在45~50分之间，说明你的生活还有一些阳光、积极的瞬间。如果分数在45分以下，就说明你的消极情绪已经占据主导地位，令你很难看到事物积极的一面。可能你的分数在一段时间内无法改变，也不用担心，这在现阶段是很正常的。我们当前的目标是建立自我意识。通过以上这13个陈述，我们可以了解自己的积极程度，并以此为基础，向更积极的方向发展。

及时发现问题

大脑有消极偏见，那么我们怎么知道消极思维在何时占据了主导呢？每个人对消极思维的容忍度有所不同，有些人虽然觉得消极思维给自己带来了很重的心理负担，但仍然能背负重担完成日常工作。

但如果消极情绪开始影响我们的生活，那就一定要注意，这可能代表出现了更严重的心理健康问题。有的人可能压力过大，有的人可能患有社交退缩症、广泛性焦虑症、抑郁症或强迫症等，有的人甚至可能有自杀的念头。

除此之外，长期消极思考还可能引发其他身体问题，例如：

- 头痛。
- 胸部疼痛。
- 疲劳。
- 睡眠问题。
- 胃部不适。
- 严重代谢失调。

如果你发现自己有以上任何心理健康或身体相关的症状，请积极就医，及时接受相关治疗。如果你不愿意看医生，也可以拨打免费心理咨询热线，接受保密的心理健康支持。

在下一章，我们会学习应对消极思维的10个方法。这些方法有的是依据科学研究而设计出来的，有的是心理治疗专家所采用的。你可能会觉得有些方法没有用，但请不要灰心，面对内心深处的问题，我们要慢慢来，一点点消化问题并最终解决问题。

第三章

打败消极思维
——10个有效的自我调节方法

在前两章中，我们已经学习了七步法的前两步，即“了”和“解”，了解了大脑的工作方式并解析了不同的思维模式。现在，让我们来看看如何运用一些方法去解决各种生活问题。

本章将介绍七步法中的第3步“打”，通过10个有效的自我调节方法帮助你打败消极思维。

从固定型思维转变为成长型思维

在固定型思维模式中，最可怕的地方在于我们无法尝试新的事物。因为有的人认为自己没能力做成某件事，而有的人觉得自己无论如何都会失败。

在实际生活中，犯错是很正常的。虽然我们本意并不想犯错，但我们也不能因为怕犯错就停滞不前。即使犯了错，也请不要自怨自艾。更好的方式是跳出情绪看事实，并从实际错误中学习和成长。

举个例子，你买了一辆二手车，但是买之前没有找专业的师傅检查一下引擎，你觉得自己很蠢。这里“觉得自己很蠢”是一个情绪化的想法，并没有事实根据。

如果我们抛开情绪再看这个事情，又会是怎样的呢？别人在未告知详情的情况下就把车卖给了你。在购买二手车时，最好让懂车的人先检查一下——下次再遇到同样的情况，你就知道该怎么做了。

你可能犯了错误或者觉得自己事情没办好，但我们可以从错误中汲取经验，获得成长。你也可以试着开始练习之前讲过的心智模型，比如二阶思维，它能帮助你更好地分析结果，制订计划，避免犯同样的错误。虽然我们可能会遇到挫折，在人生路上暂时后退一步，但这一步的大小往往取决于我们的心态。

我们可以运用金发姑娘原则（Goldilocks Rule）来降低受挫概率。这个原则指出，每个人都有适合其水平的困难和挑战，最能激励我们的困难和挑战，往往是最恰到好处的。

这个原则来自儿童故事《金发姑娘和三只小熊》（*Goldilocks and the Three Bears*），故事讲的是金发姑娘进入一间熊屋，发现了三碗粥：一碗太烫，一碗太凉，最后一碗温度刚刚好。我们在面对任务的时候，可以尝试把任务拆成几个小任务，力求每一个小任务的难度均在你能力范围内并具备一定的挑战性。每当完成一件刚好在你能力范围内的事时，你的能力就会提升，信心也会随之增长。

要转变固定型思维，一个非常简单实用的小技巧就是学会在句子里加上“暂时”这个词。

比如，固定型思维的人会说“我做不到”，而成长型思维的人会说“我暂时做不到”。“暂时”这个词虽然看起来简单，但实际上很有力量。它提醒我们，虽然还没有实现目标，但我们仍在努力。我们用“暂时”再举一个例子：如果你找不到解决问题的方法，那你只是暂时还没找到而已。

每个人都不会完全依赖固定型思维或成长型思维模式来思考，即使是非常积极、乐观的人也不例外。

试想一下，我们脑中有一场拔河比赛，一边是固定型思维，一边是成长型思维。固定型思维由恐惧支配，尽力把我们拉向安全地带，而成长型思维则想要把我们拽出舒适区。当然，“走出舒适区”听起来很吓人，但我们要想一想，恐惧的源头是什么。

通常，我们的恐惧心理源自于过往经历。虽不尽然，但今天的你已经不是昨天的你了。你已经对自己有了更多的认识，为明天做了更多的准备，也降低了历史重演的可能性。

1998年的一个研究发现，人体神经系统具备可塑性，证实了成人大脑可以制造新的脑细胞（Cohen et al.，1998）。此外，重复动作和行为会加强大脑的神经突触连接，促进新知识转化为长期记忆。科学研究表明，人类可以增长知识并提高自身能力。我们现在要做的就是相信自己，相信自己可以成长。

实用小练习

若想培养成长型思维模式，我们可以先问自己这样几个问题：

- 我能从这段经历中学到什么？
- 我今天学到了什么？（树立一个目标，每天学点新东西）我能从哪里获取更多信息？
- 我能从哪里得到真诚、客观的反馈意见？
- 为了实现目标，我的计划是什么？
- 我采取了哪些行动来实现目标？
- 我有没有付出足够的努力？
- 我从自己的错误中学到了什么？
- 什么习惯、技能或知识可以帮助我继续推进计划？

打破消极偏见的恶性循环

大脑本来就存在消极偏见，这一点我们之前就讲到过。消极的记忆比积极的记忆对我们的影响更大，所以相比好事，我们更容易记住坏事。虽然大脑存在消极偏见，但就像前文讲到的，我们还是可以做出改变的。

我们首先要做的，就是判断造成消极偏见的那些威胁、危险或原因是否真实存在。如果威胁并非真实存在，那我们就没必要担心。

1. 不完全依赖记忆

《头脑特工队》（*Inside Out*）是一部针对儿童的动画电影，但皮克斯动画工作室生动地讲述了我们的记忆是如何工作的。电影的主人公是一个11岁的小女孩，故事围绕她的五种情绪展开，这五种情绪分别由五个角色展现：乐乐、怕怕、忧忧、怒怒和厌厌。

这五种情绪负责记忆处理和存储。一个令人印象深刻的片段是当忧忧触碰到乐乐黄色的记忆球时，球就变成了蓝色。即使乐乐努力想要让球变回黄色，但球还是受到忧忧的影响，维持蓝色不变。

当然，作为一部动画作品，这里稍加了点艺术创作的成分，但它确实有一定的科学依据。我们不能完全依赖记忆，大脑的消极偏见会让我们在回忆事物时偏离实际。

如果你觉得自己一直在反反复复地回忆过去，那么不妨停一停，想一想事实究竟是怎样的。如果你写日记的话，那就多翻翻自己的日记，而不是完全依赖记忆。如果故事中有其他人，也可以问问他们，更好地弄清事实。

2. “乐观偏见”并非目标

有些人成长在一个非常幸福的家庭，几乎没有经历过什么苦难，生活顺遂又圆满。这听起来很美好是不是？但也并不尽然。

有乐观偏见的人做事往往不会考虑后果，甘愿冒风险。他们不害怕失败，也可能根本没有注意到眼前消极的情况。

我们的目标不是用一个极端去取代另一个极端，也不是完全摆脱消极思维。有的时候，消极想法也可以给我们一些警示。面对消极想法，我们必须学会倾听、发现并分析事实，然后判断其必要性和合理性。

3. 从偶像的失败中学习

偶像之所以能成为偶像，一定有其闪光点。他们实现了目标，取得了成功。我们以崇拜的目光去看待这些成功人士，觉得自己并不能像他们一样取得成功，但其实每个成功的人背后都有不为人知的辛酸。

我的偶像是肯德基的创始人哈莱德·山德士（Harland Sanders）。或许在你的想象中，他的成功之路是这样的：他构思了一份鸡肉食谱，开了一家餐馆，然后开了连锁店，之后就赚得盆满钵满。但实际上，他的故事是坎坷而励志的。

- 他5岁时他父亲去世了。
- 13岁时，他辍学离家，在一家农场工作。
- 他的儿子年仅20岁就离开了人世。
- 在创业之路上，山德士做了各种各样的尝试，但都以失败告终。
- 1939年，他最初卖炸鸡的咖啡店被大火烧毁。
- 62岁，他失业了，每月仅靠105美元的社会保障金维持生计。
- 他开始向餐馆推销他的炸鸡秘方，每卖出一份炸鸡就能赚到5美分。
- 73岁的他拥有600家肯德基分店。此后一年，他以200万美元的价格售出了肯德基的特许经营权。

尽力而为，做到最好。

——哈莱德·山德士

每次山德士的生意失败时，总会有人出言嘲讽，说他又愚又疯、无才无能，想成功简直是痴人说梦。尽管如此，他还在继续前行。

4. 好身体和好心态

我们的心理状态与身体状况息息相关。饥饿、疲惫和饮酒都可能会助长消极偏见。在饥饿和饱足这两种状态下，我们面对同一个问题的感觉又会有所不同。

在饥饿状态下，人体的血糖水平会下降，易产生愤怒情绪，难以集中精力，并且会感到疲倦，协调能力也会受到影响。在这样的情况下，我们更容易犯错、丢三落四、毛手毛脚，这会进一步加强消极偏见。

在疲惫状态下，大脑很难集中注意力，也就无法很好地利用心智模型，及时解决问题。饮酒也不利于思考。或许我们觉得喝了些啤酒或红酒后感觉不一样，但酒精的确会扭曲现实，模糊记忆。

在身体状况不佳的情况下，大脑很难以中性或积极的方式及时处理消极情绪。面对消极想法，我们最好先判断一下现在是不是采取行动的适当时机，需不需要先解决饮食、睡眠等问题。

实用小练习

如果下次你察觉到大脑或身体发出的消极信号，那就花几分钟认真聆听一下你内心的声音。要知道，有时这只是大脑因为消极偏见释放出来的假信号，所谓的威胁并不存在。

一般这种情况下，我喜欢将自己置身于《头脑特工队》的情景中，把自己的每一种情绪都看成一个小人。想象你正在看一部关于你的情绪的电影，影片中的情绪小人们正在辩解它们存在的意义。

先给它们一点时间讨论，然后我们再来分析情况，找到事情积极的一面。实际上，变得积极乐观并不等于要做巨大的改变或者逆转命运。

比方说，你回家发现自己忘了买面包，所以你现在要么再出去一趟，要么改变原先吃饭的计划，这让你心情很烦躁。但从积极的角度想，何不走进一家之前没去过的店，去尝尝新的美味呢？

小改变给你一个更阳光的家

家是我们的避风港。在家里，我们可以告别漫长的一天，放松自我，享受私人空间，开始悦纳自我。在这里，我们或许可以不去想某些事情，但消极情绪仍然在，会像胶水一样一直黏着我们。

本书中讲的调整心态的方法大多主要帮助我们转变思维和观念，从而克服消极思维。同样，居家环境会在很大程度上影响我们的感觉，下面将介绍6个有科学依据的方法，帮助我们打造一个更有积极氛围的家。

◉ 尽量增加室内自然光

自然光来自太阳光，人体在阳光照射下会产生维生素D。维生素D，又称“阳光维生素”，对人体有许多积极作用。据《美国临床营养学杂志》（*American Journal of Clinical Nutrition*）的研究显示，维生素D可以降低感染流感的概率（American Journal of Clinical Nutrition，2010）。此外，它还可以减轻焦虑和抑郁的症状，降低患心脏病的风险（Circulation，2008）。

◉ 进行一次断舍离

把不需要的东西捐出去、卖掉或者进行回收处理，因为家里杂物太多会使压力水平上升。你不需要一口气把整栋房子或屋子全都清理完，每天稍作整理就好。

◉ 买一盆植物

众所周知，绿色有一定的镇静效果。绿色的植物不仅可以给家里增添一份自然的感觉，帮你放松心情，还可以改善空气质量，减少二氧化碳，增加氧气含量，从而帮你提高注意力和提升工作效率。有趣的是，据英国曼彻斯特市议会（Manchester City Council）的报告，自2019年以来，有些英国医生会给焦虑症、抑郁症或孤独症患者开“植物处方”，用添加室内植物作为治疗手段（Manchester City Council，2019）。

◉ 给墙面换个颜色

千万不要有压力。你不必一下子改掉所有的墙面，我们可以先从你常待的屋子开始。如果你觉得自己改造房屋有负担，那么可以从重新粉刷墙壁开始，这样成本也不高。如果你从未粉刷过房间，那么这回你会发现，原来自己可以做这么多，做得这么棒。

◉ 用艺术品和装饰物增添色彩

每种颜色都有其特定的波长和能量。有研究证实，特定的颜色可以在无意识之中起到改善情绪的作用。比如，黄色和橙色这样的暖色可以改善你的心情。当然，冷色也不意味着一定与消极情绪有关，比如蓝色。你可能会把蓝色和忧郁联系在一起，但实际上蓝色也可以对你的情绪有非常积极的作用。日本71个火车站内都装有蓝灯，并且研究人员发现，安装蓝灯后，跳轨自杀的人数减少了84%（Matsubayashi et al.，2012）。

在挑选屋内颜色的时候，我建议选择色调偏暖的颜色。因为深蓝色会给人一种沉重、压抑的感觉；暖调的橙色就给人积极向上的感觉；而亮橙色则会让人有兴奋感，不利于营造轻松的氛围。

◉ 尝试香薰精油

美国国家生物技术信息中心（National Center for Biotechnology Information）2017年发表的研究结果表明，芳香疗法可以改善抑郁症状。迷迭香、甜橙、茉莉、依兰和薰衣草精油在改善情绪方面都有较好的效果。当然，每个人对香味的喜好和反应不同，比如如果你对熏衣草过敏，那它就没法起到舒缓的作用。但我们可以尝试不同的香薰精油，找到适合自己的那一款。

以上这些生活上的小改变并不会让我们一下子摆脱消极思维，但可以创造一个更积极的环境。在积极的环境中，我们会发现自己更容易找到正向的解决方案和替代方案，内心变得更坚强，也能更好地处理问题。

实用小练习

不要找借口，这周让我们来做三件小事，给家里增添积极的氛围。任务一：买一盆适合养在室内的植物。任务二：买一瓶香薰精油。这两件东西花几十元就可以买到。任务三：清理房间的一处位置。我们不用一下子清理整个屋子，但可以从一个抽屉或者一个橱柜开始，循序渐进。

这三件任务很容易完成。然后，再让我们花几天时间看看植物和精油带来的变化。下周再去买一盆植物和一瓶精油，留心我们自己对这些小改变有什么感觉。

打败突如其来的消极想法

在理想状态下，消极想法最好只在我们有空坐下来处理情绪的时候出现。但我们无法预测消极思维占据主导的时间，更不能决定消极想法会不会在我们没空处理它们的时候出现。很有可能是偏偏在我们最艰难的时候，消极想法引起了焦虑甚至恐慌。

在生活中，我们有时候会无法承受崩溃的代价，比如在开车的时候，在开会或者作报告的时候，或者是在孩子需要你的时候。

在这些时候，我们应站在博弈的制高点，战胜消极思想，而不是忽视它们的存在。先完成手头的任务，然后花时间去了解消极想法为什么会出现以及思考如何去应对。要想即时阻止某事，大脑就要快速做出反应，我们也要迅速采取行动。这个过程可能只有几秒钟，不过不用担心，人类大脑完全能够在这几秒内加工与处理信息。

视觉意象也能有效地阻止消极想法的入侵。试想一个能让你在前行的路上停下来的画面，可以是悬崖边、一个交通“停车让行”标志，这个画面也可以是积极的，比如你最爱吃的冰激凌或一位高颜值的演员。

你踩下刹车之后，做一次深呼吸。虽然听起来有点老生常谈，但是深呼吸有许多好处。你可以尝试横膈膜呼吸法——也称腹式呼吸法或丹田呼吸法，它可以降低人体皮质醇（也就是我们常说的“压力荷尔蒙”）水平，从而缓解压力。体态也会影响人体自然呼吸的方式，比如收腹让腹部保持平坦，使空气大多进入肺的上半部，阻碍空气向肺底部流动——如果主要依靠胸式呼吸的话，可能会增加焦虑情绪。

实用小练习

现在，让我们来做一次深呼吸，不用刻意强求，尽量放松、自然就好。注意自己吸气和呼气的时间。

现在，让我们再深呼吸一次，这一次稍微深一点，想象氧气充满你肺部的每一寸，像气球一样。

深呼吸时可以遵循“4—7—8”呼吸法，即吸气4秒，屏气7秒，吐气8秒。最重要的不是秒数，而是保证吐气时间长于吸气时间。

有意识地注意呼吸的深度可以帮助我们以正确的方法进行深呼吸，从而阻止消极想法的蔓延。

定期进行深呼吸练习还可以降低血压，改善睡眠，提高注意力（WebMD, 2021）。

另一个停止消极思维的方法是厌恶疗法（aversion therapy）[1]。

具体的方法是：在手腕上系一根橡皮筋，每当消极想法出现时就弹一下橡皮筋。这样做会让我们的潜意识认为橡皮筋造成的疼痛和消极想法有关。

学界对于这一疗法的效用褒贬不一，有的研究表示该方法有积极作用，有的研究则得出了截然相反的结论。无论如何，这样做至少可以分散我们对消极想法的注意力。

给自己片刻的时间，想一想我们脑中的情绪小人。让自己远离内心的批评声，这样才能看清自己的真实情绪。

不妨试着在消极想法前加上这样一句话："我有这样一个想法……"不加这句话或许听起来差别不大，但它可以把我们的消极想法和普通想法区分开来，而不是像"我认为……"一样把两者混为一谈。

最后，让我们谈谈掌控和责任。我们可以成功阻止一

[1] 厌恶疗法又称对抗性条件反射疗法，是一种基于古典支援理论的行为疗法。

个想法蔓延，而想法也可能完全脱离控制。掌控和失控有时只在一线之间。

我知道这很难。在这种时候，我们要给自己加油，不要自视为一个受害者，而要相信自己可以把握未来。

控制权在我们手中。是把注意力放在应尽之事上，还是继续消极地思考，这由我们来决定。做出自己的选择，并对之负责。

以积极的方式思考

用积极思维思考问题可以帮助我们应对压力，提高身体能量水平，缓解抑郁症状。曾有一项大规模研究对7万名女性进行了长期（2004到2012年）追踪调查，研究乐观心态和死亡风险间的关系，其结果发表在《美国流行病学杂志》（*American Journal of Epidemiology*）上。研究结果表明，乐观的女性患心脏病、中风、感染型疾病、呼吸道疾病和部分类型癌症的风险更低（American Journal of Epidemiology，2017）。

我们不会天生拥有积极向上的心态，有时候需要付出一些努力才能培养出乐观的生活态度。生活中总会有这样那样的闪光点，它可能不明显，可能需要一些时间才会被发现，但只要我们用心观察，总能看到事物积极的一面。

举个例子，如果你约会被放了鸽子，可能就会看什么都不顺眼。可从另外一个角度看，如果没有这件事，你可能还要再花几个月时间才能发现这个人根本就不适合自己，所以这反倒让你早点认清现实，节省了时间。再比如，外面下着倾盆大雨，而你还有一大堆事没做。但想想看，一边喝着热饮，一边看着窗外的雨，以这样的方式结束一天的工作何其惬意。

同样的道理，对所拥有的一切心存感激也能提升我们的积极性、幸福感和心理健康。曾有学者研究了感恩心理和情绪之间的关系，在试验中300名大学生被分为3组。第一组学生被要求每周给其他学生写一封感谢信，为期12周；第二组学生写下自己的消极想法和感受；第三组学生什么也不写。研究结果显示，写感谢信的学生不仅自我感觉更好，产生的有害情绪也更少（Wong et al., 2016）。该研究还发现，我们即使不和他人分享感谢信的内容也能从中受益。

要培养积极思维，一个好方法就是多和积极乐观的人相处。积极情绪就像是山巅下落的雪球，越滚越大，越滚越快。它仿佛有磁性一般，把你牢牢吸住，让你没法挣脱也不想挣脱。

积极乐观的人充满了活力，他们会在不知不觉之中感染他人，同时自己不受影响。花时间和积极乐观的人待在一起，给自己一次充电的机会，你会发现他们不光是用词，连语速里都透着活力。

积极乐观的人通常很有趣，擅长逗笑他人。我们不一定要去逗笑别人，但我们可以欣赏幽默并享受快乐。笑的时候大脑会产生内啡肽，让人感到愉悦。我们不是说要一下子就开怀大笑，但如果能多一点微笑，这就是一个好的开始。

这是一场艰苦的战斗。有的时候你想要全身心地投入积极思考中，但是一打开电视却发现播报的全是负面新闻。

这并不是说你再也不能看新闻了，只是说我们要留意，不过多地接触消极的事物就好。如果你现在心情低落，那么这个时候就没有很多能量来消化新的消极情绪。如果感觉阳光向上，那么不妨多享受一下这种感觉。新闻并不会消失，即使晚点看也无妨。

我的手机里安装了一个关于新闻的应用程序，既可以只浏览标题，也可以选择我想详细阅读或观看的内容，既方便又实用。这样可以了解时事，同时也不会让过多负面新闻报道的细节影响自己的心情。

实用小练习

让我们放下手中的书或平板电脑，去寻找周围环境中的积极事物。每个人对于“积极”的理解都不尽相同：有的人觉得“积极”就是看一集自己最喜欢的电视剧，有的人会因为双下巴看起来小了一点而开心，还有的人一想到这几个星期不用擦窗户就高兴。

又比如，你的妈妈可能会一直念叨你的私生活，但每次你去看她的时候，她总是会给你做你最喜欢吃的菜。你的同事很烦人，但并不影响你每个月都有稳定的收入。

现在，让我们每天以一件积极的事开启自己的一天，然后尽力让这份积极的感觉延续一整天。几天之后，你会发现这件事没那么难了。

你可以在手机、平板电脑或台式电脑里创建一个新的文件夹。在网上找一些能逗笑你的表情包和动图，选择5—10个能让你真正开怀大笑的，然后把它们保存到这个新建的文件夹中。不用担心这些表情包和动图看起来蠢不蠢或者别人喜不喜欢，只要你喜欢就好。早上喝茶或者喝咖啡的时候浏览一遍。如果过段时间觉得无趣了，就删掉再添加新的，记得每天早上在笑声中开启新的一天。

以积极的方式对话

活成了自己话里的样子。

——玛格达莱娜·巴托斯（Magdalena Battles）

不知道为什么，自言自语通常被视为一个人精神不正常的表现，但消极的自我对话却是可以被接受的。我们需要停止对自己的任何形式的批判性思考。自我对话是把信息和观点讲给自己听，这可能关乎能力、知识或者你在某项活动中的表现。

消极的自我对话与固定型思维模式密切相关。我们内心有一个声音，它说我们不能做什么，或者说我们永远没能力做什么。在消极的自我对话中，经常会有很多的“如果……怎么办”和“要是……就好了”。

比如“我那个评论太蠢了，要是我没说就好了”“我真希望当初没同意这么做”。我们对自己说的话会对未来的决策产生巨大的影响，决定了我们是否还要继续努力。

试想一下，你建了一个自己的博客并写了几篇文章，但没有人来与你交流。在消极的自我对话中，你可能会告诉自己：我不是一个好的写作者，我没有有趣的东西分享给别人。而在积极的自我对话中，你可能会告诉自己：看来我需要推广一下我的博客。

在消极情况下，你很可能会放弃写作。而在积极情况下，你可能会继续尝试，最后取得了成功。如果你沉浸在消极的自我对话中，那就永远感受不到成功的喜悦。

持续性的消极自我对话会一点一点将我们的自信蚕食殆尽，甚至会让我们和他人越来越疏远。在消极的自我对话中，我们被恐惧萦绕着，然后渐渐觉得自己像地上的一摊泥，被困在原地，停滞不前。

积极的自我对话具有一定的挑战性，我们会在第七章中详细探讨。不过在这里，我们先来介绍两个小技巧，帮助你在自我对话时更加积极。

1. 密切留意自己平时的措辞。

有的时候我们会很自然地说一些话，不会注意到话中包含多少个消极词语。典型的消极词语包括“不”“不是”“永不”“没有什么”和“没有人”。像“不能”和“不应该”这样的否定词也很常用。

要注意“但是”这一类的转折词。当你在一个句子之后接上“但是”，这通常表示接下来你要给自己找一个借口，而这个借口可能会引发更多消极的自我对话。比如，“我可以去健身房，但是今天应该会堵车”。因为堵车，所以不去健身房。因为没去健身房，所以我们觉得自己很懒惰，没有执行力。

2. 不要总和别人比较。

总拿自己和别人比较只会带来消极的自我对话，而且，以自己主观的眼光看待他人往往是偏离现实的。比如，公司有人升职了，可你觉得那个人的能力没有你强。实际上，我们并不知道升职者背后付出了怎样的努力。或许为了实现目标，他/她不得不做出了巨大的牺牲，或者他/她参加了特训去提升自己的技能。又比如，总是能给一群人带来欢笑的朋友并不一定比你更风趣幽默，他们可能只是更有自信而已。

实用小练习

之后还会有更多有关积极自我对话的内容，现在让我们先来做一个3句话的小练习，练习如何跳出消极的自我对话。

记下一天时间内你使用过的消极词语，不用特意整理成列表（当然，列个表也行）。找到你最常使用的3个消极词语，然后告诉自己不要使用它们。就像用脏话罐戒掉说脏话的习惯一样，我们也可以用消极罐来戒掉使用消极词语的习惯！

现在，拿出你的日记本或一张纸，写下你对自己的3个看法，然后试着以成长型思维改写一下。举几个例子：

（1）原句：我永远也找不到对的人。

改为：我暂时还没有遇见对的人。

（2）原句：我不会数独。

改为：我要在这个月解出一道数独题。

（3）原句：我只能在现在的工作里一直熬着。

改为：等我更有信心时，我会找一份新工作。

其实，不是所有的转折句都是消极的，我们要学会转换思维，主动抛开一些用语带来的负面影响。比如，“我想去健身房，但是今天应该会堵车”。转换一下思维后，这句话就变成了：“今天应该会堵车，但是我想去健身房。”在第二句话中，“堵车”就不再是不去健身房的理由，而是变成了对事实的猜测。下次如果你想找借口，那就试着转换一下思维吧。

如何克服自动产生的消极思维

从定义上讲，我们很难阻止自动产生的消极思维，因为它们会突然出现，而我们却没有什么办法可以控制。我们没法阻止它们出现，所以如何处理它们就变得至关重要。不过别担心，在看到生活积极的变化之后你就会发现，消极想法不会再自动出现得那么频繁。

我们首先要做的就是直面这些想法，然后让自己从消极想法中抽离出来。想一想《头脑特工队》，这个想法是哪个情绪小人？问一问自己：它基于事实吗？能不能解释一下它为什么应该存在？它是来帮助你的还是来阻碍你的?

如果你觉得自己很难摆脱自动化消极思维，那就把这些消极想法写下来。不要觉得这个简单的举动不重要，它可以把你和这些消极想法拉开一些距离，让你有一个直观的视觉体验，而不是任其在头脑中盘旋。

在纸上记录想法还可以帮助我们了解自己有什么类型的想法。很多时候，我们被太多的消极想法压得喘不过气来，但当我们回过头来翻看自己写下的那些想法时，或许会发现其实它们总是围绕着同一个点在转。原本的100个消极想法可能一下子就被压缩到了10个。

这就像你听着旁人一遍又一遍地讲着同一个故事，可讲故事的人似乎并不记得你已经听过了。你心想，这个故事实在太无聊了，可是出于礼貌还是选择闭口不提，继续听下去。而消极想法是没有感情的，如果你转过身对它说:“听着，这个故事我听了太多次，都听烦了。”它听闻后也不会生气。

你还可以把这个消极想法拟人化，想象他/她在只有一个灯泡的空房间里，你可以勇敢地关掉这盏灯。或许他/她正坐船远去，同时，海上飘扬着安德烈·波切利（Andrea Bocelli）的歌声，那是《告别时刻》（*Time to Say Goodbye*）。

这些方法的目的是让你的大脑把注意力放在摆脱这些消极想法上，而不去关心这些消极想法本身究竟是怎样的。

此外，我们还可以通过改变用词来减少自动化消极想法。比如“应该”和“不应该”这两个词会带来一种无形的压力，如果我们当前无法应对这份压力，就容易产生消极情绪。

我们来分析这样一句话:“我应该为退休而储蓄。”听起来既真实又合理，对不对？可如果你还有车贷要还，或者你还没有申请到房贷，又该如何是好？经济压力越来越大，但你对于如何实现目标还尚无计划。

与其强调“应该”做什么，不如换个方式问问自己“想”做什么，用话语来引导行为，而不是制造压力。我们可以把原先的那句话改写为:“申请到房贷后，我要专门留一部分资金为退休做准备。”

实用小练习

今天，我们也来当一回知心姐姐/哥哥——把自己的自动化消极想法想象成一位朋友正在讲述他/她的问题，比如："我永远也戒不了烟。"

记住，你不是在给自己什么建议，而是在给朋友支招，你会跟他/她说什么？

不管你的"朋友"有什么消极的想法，我们都要从客观的角度来帮他/她分析问题，解决问题。告诉别人怎么做很容易，但是把主人公换成自己的时候，我们却往往无视自己的建议。当你给别人出谋划策的时候，你就会发现原来自己是那么聪明、那么有同情心。

跳出消极旋涡的4个方法

美国斯坦福大学的弗雷德·拉斯金（Fred Luskin）博士曾对人脑产生的想法进行研究。结果发现，我们一天中90%的想法都是重复的。我们已经知道大多数的想法都是消极的，现在想想看，如果绝大多数的想法都是重复的，那每天又有多少消极的想法在循环往复呢？

这其实是一个很严重的问题。首先，我们每天都在与一大堆精神噪声相伴，这不仅妨碍了我们的积极思考，也让我们很难获得内心的平静。

更重要的是，在这样的情况下，消极想法会更容易失控，然后可能会引发一连串的后果。就像蝴蝶效应一样，刚开始只是一件小事，之后牵扯的消极想法越来越多，最后一发不可收拾。

从另一个角度说，也可以将这样的消极思维看成一个向下运行的螺旋。就像把一块石头推下山一样，刚开始速度不快，然后石头会越滚越快，能量也会越来越大。

让我们举个生活中的例子。假如你这个月比之前少工作了几个小时，所以收入也比平时少，你还是可以支付房贷，但因为收入减少，你没有足够的钱付车贷。如果下个月再发生同样的事，你就会欠两个月的车贷，可能会失去你的车。如果没有车，你就没法去上班，然后可能会丢掉工作。再继续向下发展，你可能会付不起房贷，变得无家可归。

这个例子告诉我们，即使是非常小的一个消极想法也可能会让我们陷入消极思维的恶性旋涡。再举个例子，也许你为了赶时间而冲出家门，忘记把洗好的衣服从洗衣机里拿出来。等你回到家的时候，衣服已经放在洗衣机里太久，只能再洗一遍。因为出门赶时间，你也来不及洗碗，回家还得洗碗，而家里还有孩子要照顾。此外，你还要帮一个朋友检查工作提案。

大石滚得越来越快，把我们压得喘不过气来。应该做的，不需要做的……一天里总有太多的事情要思考。

真正有危险的还不是这些繁重的工作，而是我们不能控制螺旋式下降的消极想法，最终我们会陷入恐慌。你可能已经注意到了消极思维会对身心健康产生一些负面影响，比如失眠，不健康的饮食和运动习惯，压力增加或是抑郁加重。

之前讲过的策略都有助于减缓消极思维的螺旋式下降。我们没有必要试图去阻止这些想法出现，也不用刻意地用积极的想法去代替它们，只需要先评估这个消极想法是否合理，或者是否有事实依据。简言之，应对的诀窍在于在事态失控之前尽快地采取行动。

要做到这一点，我们可以想象消极思想旋涡的样子。从外到里，抽丝剥茧，一点一点地找到最初的那个想法。虽然我们不能阻止它的自然产生，但可以控制随它而来的其他想法。比如，为了阻止自己再次陷入消极思想旋涡，我们可以换个角度，看到这个想法的另一面。

让我们再说回生活中的那个例子。因为工作时间减少了，所以我们担心下个月也会发生同样的事情。那么，我们能做些什么呢？我们可以利用空闲时间清理一下房间，卖掉所有不需要的东西，还可以去自由职业网站上注册一个账号，找一些兼职来增加收入，从而渡过难关。

如果你家里一团糟，那就接受这个现实。没错，“乱”对你而言是消极的，但我们不能让消极情绪继续发展。如果消极情绪占据主导，那么你的精力和积极性就会被影响。当你回到家时，你已经被消极思维消耗得筋疲力尽，什么都做不了了。

何不试一试待办清单呢？集中精力做一些有建设性的事可以帮助你理清思绪。将待办事项按优先级排列，并给每件事设置一个完成奖励。这样一来，我们就给大脑灌输了积极的想法，在看待每件消极的事的时候也可以发现它积极的一面。

如果你感觉有个消极的想法进入了脑海，那就想一想它的另一面。比如：“我工作挣不了那么多钱，但清理厨房让我很兴奋。”“在做完今早没完成的工作后，我就可以脱掉工作服，舒舒服服地休息了。”

在对抗消极想法的时候，我们要避免由一个消极想法不断产生新的消极想法。相反地，我们要认识到，消极想法虽然是消极的，但我们可以把它和积极的想法联系在一起。

实用小练习

调整消极心态最快的第一个方法就是改变你所处的环境。如果你坐在厨房陷入了消极思考，那就离开厨房去卧室，走出那个环境。

改变周围的环境可以让大脑有更多的机会接收新信息，而新信息会占用大脑空间，从而减少对消极想法的关注。

如果你无法改变所在的环境，那就改变当前的活动。这个改变不用很大——比如之前你在查看自己的账户，那现在就回复一下邮件。大脑需要一些新的刺激来减少消极思维对我们的影响。

第二个方法是大脑转储（brain dumping），即将一部分脑内信息转存到其他存储介质中。这是一个跳脱消极思想旋涡的好方法。具体操作如下：拿一张纸和一支笔，定时15分钟。在规定时间内，把想到的所有消极想法都写下来，无论其影响是小是大。

时间有限，所以你不用去想这个想法到底合不合理，只管写就好。15分钟后，你的脑中应该再也没有消极想法了。这还没有结束。为了“清存”，你要把写有消极想法的那张纸毁掉。不管是烧掉、冲走还是撕碎，总之不能留着这张纸。

第三个方法还是和具象化相关。当消极思想开始失控时，回想一下大脑记忆的工作方式，并将其具象化，这可能会对你有所帮助。

不用纠结那些与大脑相关的科学术语。有时候我会把大脑想象成一个气球，里边有一团团蓝色和红色。蓝色的是消极想法，红色的是积极想法。它们不断弹跳，有时还会互相碰撞。

当蓝色碰上蓝色时，它们就会凝聚在一起，变得更强大，占据气球内更大的空间。我的任务就是做好防备，调配颜色。每当我觉得蓝色开始凝聚时，我就需要在两个蓝色气团中间放一个红色气团。

第四个方法是，把消极想法想象成看新闻时屏幕底部或顶部出现的滚动文字。一般而言，这些文字会持续滚动显示。当我们暂停消极思考时，消极想法就像这些滚动文字一样。它们是存在的，我们只是忽视了它们，把注意力放在了主画面上。这样一来，我们的大脑就可以得到片刻的安宁。

摆脱有害想法的必备技巧

消极思维发展到极端时可能会产生有害的想法——可

能关乎我们自身，也可能与他人有关，而这些想法又很邪恶，会严重增加个体的压力和焦虑感。

假如你在开车的时候被一辆车不小心“别”了一下，你是毫不在意，还是大动肝火、在心里怒斥开车的司机？在这里，我想提醒一句：发怒是有害的！

我们常常会因为各种各样的原因产生有害的想法，比如：

◉ 把失败归结为个人原因（例如：我还不够优秀）。

◉ 害怕被拒绝（例如：如果……他们就不会爱我了）。

◉ 追求完美（例如：本来可以做得更好）。

◉ 把自己当成受害者（例如：这次只是我运气不好）。

◉ 责怪他人（例如：如果他们能准时到，就不会发生这些事）。

◉ 觉得一定要为自己的错误找一个理由（例如：我必须这样做，因为……）。

如果有害的想法关乎自身，与我们自己的能力有关，那我们就要回过头来看一看这些想法是否有事实依据。如果担心自己做出反应后别人会对我们有什么负面想法的话，那不妨考虑一下他人的看法是否比我们自己的幸福更重要。

世界上总有一些“有毒”的人，把别人的生活搅得一团糟，我们没有必要让这些人影响到自己。他们的恶言恶语不过是他们达到目的的手段，而不是基于客观事实的评论。因此，我们要远离这些传播有害想法的人。先避开他们，等到自己内心足够强大后再去与他们打交道。

嫉妒之心，人皆有之。有嫉妒的想法并不代表我们就是坏人，但是一味沉溺其中会让我们受到毒害。没有规定说你不能和他人拥有同样的东西，如果有人拥有你想要的物品或品质，那么你也可以努力去争取。只要想要改变，总有一条积极的路可以走。

拿生活中的例子来说，我常常看邻居家的花园，羡慕他们种的花。我还希望能吃到自己种的草莓、采自己种的草药。我的心里酸溜溜的，对邻居也有些许怨气。但我没有他们那样的园艺技巧，这并不是他们的错，他们也没有阻止我学习技巧。

最终，我放下了姿态，向他们请教，他们也很乐意和我分享园艺技巧，我们现在关系很好。这丰富了我在工作和家庭之外的社交生活。

实用小练习

下面这个小练习可以帮助我们用善意来克服有害的想法，建议你每天都进行练习。首先，我们要学会发现别人的优点。如果他人说的话让你往坏处想，那就试着换个角度，看看他好的一面。举个例子，有人给你提了建设性意见，你的第一反应可能是他/她在恶意攻击你。这个时候，不妨回想一下他/她究竟说了什么，想想他/她是不是真心想要帮助你。

接下来要做的是，每天称赞他人，给别人一句赞美之语。当然，你要首先看到他人的优点，这样你的赞美才是真诚的。在这个世界上，很多人做不到一开始就对他人友善相处，如果你能做到以善意的眼光看待世界，那就给他人树立了一个很好的榜样，别人也会感受到你的善意并回以善言善语。

最后，每天花点时间行些慷慨之举。慷慨并不仅限于慷慨解囊，还可以是付出时间或是善意的行为。如果有一天，你看到有人过得很糟糕，那不如请他/她喝杯咖啡，让他/她能展颜开怀。

你做的好事越多，你的自我感觉就会越好，你也更容易摆脱那些有害的、毫无根据的想法。

应对反复的消极想法

有些消极想法会反复出现在我们的脑海中，它们可能是自动出现的，可能是毫无根据的，也可能是有害的。有害的想法可能是由他人或你自己的行为引起的，有的可能在刚开始还不值一提，但是在你反复的思考后会变得越来越有害。

无论这些想法是因为什么不断出现，我们都要记住，改变思维方式的过程是需要时间的。这和解决心理健康问题是一个道理，我们需要投入一定的时间和精力才能看到效果。

这个过程需要耐心，更需要关爱自己。你可能觉得自己太消极了，不值得被关心、被宠爱，但自我关爱相当重要。我们也会在接下来的章节更深入地了解如何关爱自我，像之前提到的，我们可以稍微改变一下居家环境，让自己处于一个更积极的环境中，等等。

多问问消极想法从何而来，把那些固执的想法拟人化，然后告诉“想法小人”你已经听腻了这些故事。

如果你还没准备好，那不如从现在开始写日记。改变需要过程，在这个过程中，每天花10~15分钟写下自我的感受是非常有益的。我们可以利用这段时间去理清我们的想法和情感，分析哪些想法与事实不符。许多人在不愿意和他人提及自身感受的时候就会写日记，以此来抒发情感，这相当有用。

实用小练习

现在，请写下这一周能让你保持身心健康的事。你在做什么积极的事？你是走路还是开车去上班？你有没有睡足觉，有没有给自己预留时间？你的饮食营养均衡吗？

为了向积极的明天不断前进，你需要内在的力量。也许，你可以花点时间弄清楚如何增强内在力量。

你现在已经了解了丰富的技巧和方法，知道如何控制各种类型的消极想法。每个人的性格不同，所以并不是所有的方法都适用于你。无论是哪种方法，不要初试一下就认为它没有用，多给它一点时间，慢慢感受自己的变化。可以多尝试几种方法，记录下每个方法给你带来的改变。

下一章的重点将会放在反刍思维上，了解是什么让我们彻夜难眠，又是什么让我们无法活在当下。我们会通过学习和实用练习，帮助自己提高决策能力，更好地做出选择，过上更美好的生活。

第四章

消除反刍和过度思考
——几个简单的步骤

陷入反刍思维的人会过度思考消极想法，脑海里一遍一遍地想着事情，挥之不去，但并没有令人窒息的感觉。

很多人花了太多时间去思考过去和未来，又被反刍思维束缚了双脚，陷在泥潭里，无法活在当下，也没法一下子跳出泥潭。有的人可能常常彻夜难眠，产生一些非常极端、具有侵入性的想法。

很多时候，我们以为给自己留出了一些空间，暂时远离反刍思维，但这实际上是在因过度思考和担忧而怪罪自己，并没有真正解决问题。

我们要做的是努力停止反刍，不再让过去和未来决定现在，要更清楚地认识自己的处境，活得更通透。我们来看一个现实生活中关于反刍思维的例子。

保罗和他的女朋友在半年前分手了。分手时女友对他说了狠话，嫌弃他的外表和性格。

他陷入了反刍思维，一遍一遍地回想她的话。他觉得自己很差劲，觉得前女友说得一点也没错，自己就是软柿子、没骨气，与她交往后身材还走形了。他想着自己当初应该多和朋友踢几场足球，控制体重；想自己的未来，觉得自己年纪大了，没有资本再去找一个女朋友。

他想改变自己的性格，认为这样才会有更多的人喜欢他。但是他想改变的太多了，多到他觉得自己无能为力，什么也改变不了。

保罗要做的是审视自己的消极想法。在他前女友说的这些狠话中，唯一有事实根据的就是身材这一条，但他也只是稍微胖了一些而已。

在前一章中，我们介绍了消极思维模式，通过分析事实依据，我们可以帮助保罗克服消极思维。在这一章中，我们将着眼于反刍思维，通过不同的方法帮助保罗跳出反刍旋涡。

对抗反刍和过度思考的7个方法

我们要在反刍思维刚出现时尽快跳出来，防止自己越陷越深，越想越悲观。有些思维过程的产生有一定的诱因，要摆脱反刍思维，我们首先要了解的就是其诱因。是什么让你不断回想消极事件？是某个特定的活动或人吗？举几个例子：

◉ 去和前任曾经一起度假的城市会勾起你的回忆。

◉ 和“有毒”的人待在一起可能会让你怀疑自己是在浪费时间。

◉ 做奶奶生前做过的菜会引起你的失落和思念之情。

◉ 在看某部电影的时候，你可能会联想到自己的经历并产生相应的情绪。

这些事情或许会引起反刍，但这并不意味着我们永远不能做这些事，只不过我们在做这些事的时候要有意识地控制自己，不要过度思考。那么，具体该怎么做呢？

1. 分散注意力

许多人在大脑空白的时候就会开始出现反刍思维，但如果你集中精力做一件事，大脑就无暇顾及其他事情。

一旦你发现自己有陷入反刍的苗头，那就赶快起身，换件事做，比如出去散散步、打扫一下卫生，或者读读书。

我建议大家在手机里安装一些益智类或解谜类游戏，很适合在这种时候玩，不仅可以帮你停止反刍，还可以让大脑得到锻炼。

2. 与人交谈

有时候，一通电话就足以分散大脑的注意力。我们可以打给朋友，也可以打给家人。不用特别谈自己的烦心事，也不用担心别人听自己倾诉后的反应。

在谈论某个话题的时候，与其一味抱怨生活，一股脑地告诉别人你在担心什么，不如换一种方式，让他们知道你对某事感到担心，想要向他们寻求解决之法，或许你会收获他人独到的见解。

当你不再只是因为想要抱怨而倾诉时，人们更愿意做你的听众。你不一定要采纳他们的建议，但是可以加以考虑。

3. 制订计划

反刍思维通常是大脑“欺骗”我们的一种方式，大脑会让我们自以为在想解决方案，可实际上是陷在反刍的泥潭里。

用一句话描述你所担心的问题，然后逆推每一步，这样你就可以得到一个能够解决问题的可行的计划。

在制订计划的时候，要注意每一步都要足够小且力所能及。

4. 及时行动

我强烈建议，将行动计划的第一步设置成立刻就能完成的事情。例如，如果你将第一步设为“和某某谈某件事”这样容易完成的目标，那么你在下次见到那个人的时候自然就会采取行动。这样能有效防止拖延症，让你行动起来。

如果你担心自己的身体健康，想改变饮食习惯，吃更多的蔬菜和水果，那么就不要等下个月第一天才开始改变。你计划的第一步就应该是先找三个健康的新食谱，这样你可以立马着手去做。

5. 怀疑过度思考

就像审视消极想法一样，我们也要想想自己的反刍思维到底有没有根据。

你真的认为这个问题你能解决吗，还是你所担心的问题掌握在他人手中，你自己无法掌控？例如，你因为作报告的事失眠，但材料实际是同事准备的，你只需要在报告当天出席即可。会不会是你一时没弄清情况，看见蚊子就拔出剑？

不妨审视一下自己的想法，然后大胆质疑。

6. 重新定位

目标可以帮助我们实现愿望。没有目标，我们很容易陷在泥潭中停滞不前，可如果设定的目标过高，我们又会不断思考自己如何才能实现目标，却不知如何朝着目标前进。所以，我们还要小心，在定目标时不要追求完美。

荀子曾言："不积跬步，无以至千里；不积小流，无以成江海。"如果想跑全程马拉松，那么目标应该先从能跑完半程马拉松开始。我们可以花时间不断地打磨技巧，但如果一开始的目标就是做到完美，那么想要迈出第一步就会十分艰难。

7. 增强自信

对自己缺乏信心的人更容易陷入反刍思维，而反刍者和自卑者也容易抑郁。

如果我们仔细寻找，总能从生活的大事小事中发现自己身上的闪光点，比如打破了填字游戏纪录、救活了一株植物，或者做出了一道有专业水准的甜点。

我们不必向全世界炫耀自己的技能，但可以享受这些活动所带来的乐趣，不断丰富自己的生活并学习新的技能。

接下来，我们会进一步了解反刍思维的不同类型及相应的克服方法。首先，让我们来看看如何摆脱过去经历的影响，以避免对未来作出错误预判。

学习活在当下

心理学家马修·基林斯沃思（Matthew Killingsworth）和丹尼尔·吉尔伯特（Daniel Gilbert）的一项研究表明，我们思考手头事情的时间只占非睡眠时间的一半左右，而46.9%的时间都在走神。也就是说，我们将近47%的时间都用来思考过去、未来，或者空想。

在生活中，每天都有各种事情发生。有开车上班这样日常的小事，也有和孩子、父母或友人创造美好回忆的珍贵瞬间。如果我们无法享受当下，消极思维就会掌握主动权，让我们无法再享受这些美好时刻。

开车上班再平常不过了，但我们还是可以找到方法，去享受开车而不是过度思考开车是否会出事故这件事。我们花很长时间做了一顿美味的饭菜，难道因为有其他事情要做，就在几分钟内匆匆吃完它吗?

如果我们总是担心已经发生的或将要发生的事情，那么生活中那些简单的快乐也会悄悄溜走。

反刍过去

我们面对反刍过去的态度和其他类型的过度思考的态度是一样的，一旦你意识到大脑开始思考过去，那就要赶快给自己当头一棒，遏制住这个苗头。我们可以通过改变手头的活动来刺激大脑产生不同的想法。

如果我们一直将这个想法置之不理，它反而会反复出现在脑海中，所以我们要找个时间来处理它。

锻炼或完成小目标后通常是不错的时间，因为这个时候我们的心态很好，适合去重新面对过去。这样一来，我们就是主动选择面对自己的想法，而不是它不请自来的。

我们要以客观、平静的状态面对过去。虽然结局不会改变，但我们可以借此看到事物的两面，对其有更全面的认识。

想象一下，有一天你和父母发生了争执，双方的言语一直萦绕在你耳边。直到现在，你仍然很生气、很难过。在这样的情绪下，你可能觉得一切都很糟，你的思维方式也受到了影响。

你本来可以用更巧妙的方式表达自己的想法，但你却只是说了你认为父母想听的话。

如果换个角度再看这件事，或许你就能明白，你在为自己说话的态度道歉的时候，其实是有机会向他们倾诉你一直以来的烦恼的。这样一来，你不仅可以和父母友好地沟通，还可以进一步改善你们之间的关系。

忧心未来

无论一件事有什么样的可能性，我们都会受到消极偏见和过去经历的影响，直接设想最坏的情况。

有这样一句非常经典的话“我们需要谈一谈”。如果是你的另一半说这句话，那你一定觉得自己要被甩了；如果是孩子说这句话，那说明孩子想辍学了；如果是父母说这句话，他们可能时日无多了；如果是老板说这句话，你可能要被炒了。没有人会在听到“我们需要谈一谈”这句话后觉得自己要加薪了！这是因为，我们的大脑的思考方式本就不是偏向积极的。

这种对未来的事的持续恐惧被称为预期性焦虑，它不仅会导致注意力不集中，还会影响个体的情绪及情绪管理的能力。同样，它还会影响我们的生理反应，让人变得一惊一乍的，非常紧张。如果这样的情况持续很长一段时间，还很有可能影响我们的正常饮食、睡眠和日常生活。

预期性焦虑可能是社交焦虑、恐惧症、创伤后应激障碍和惊恐障碍的一种表现，如果这种恐惧对你的生活已经造成了障碍，建议寻求专业帮助，找到焦虑的来源。比如你因为怕狗就不去公园，看到狗就恐慌。

要想停止对未来的持续担忧，最重要的一点就是照顾好自己的身体。身心之间有极为紧密的联系，保持健康的身体状况有利于缓解心理压力。通过合理膳食、积极锻炼、保证充足的睡眠，我们可以一点一点培养健康的生活习惯。

咖啡因容易让人神经紧张，适当减少对它的摄入对缓解压力也有一定帮助。除了以上方法，你还可以尝试放松训练，进一步学习放松身心的技巧，我稍后会详细介绍。

停止反刍、改善睡眠的方法

饱饭后立即睡觉有损健康，同样，睡前思考过多也不好。对于反刍者而言，在就寝时间反刍是非常糟糕的情况。夜深人静的时候，没有能够分心的事情，反刍思维便会趁虚而入。

为了避免这样的情况出现，不妨花点时间考虑下应该避免做什么。就像先前所说，咖啡因只会帮倒忙，所以我们得抛弃心爱的咖啡了。为了晚上能更好地入睡，下午3点以后应尽量避免摄入咖啡因。

运动也有一定的效果，但运动的时间是有讲究的。尽量不要在睡前一个半小时内进行有氧运动，不然身体会处于兴奋状态，影响正常的睡眠周期。

此外，晚上加班工作的时长也要格外注意。现在，晚上回家后再加一会班似乎已经司空见惯了，睡前回信息和邮件也是常有的事。你可能觉得这样代表自己工作积极，况且还能减少白天的工作量，所以晚上加班也无伤大雅。但事实往往并非如此，如果工作和睡觉之间隔的时间不够久，那么工作中的很多思绪就会影响我们的休息。

你或许认为，可以躺在床上看一会手机，或者在平板电脑上看一集电视剧，以此来放松一下大脑，帮助你入睡，可科学研究结果恰恰相反。

所有电子设备都会发出蓝光，而蓝光波长较短，会阻碍褪黑素的分泌。褪黑素是主要用于调节昼夜节律的激素，可使人产生困意。褪黑素分泌减少，会延迟昼夜节律，不利于入睡。想要改善睡眠，除了不将电子设备带进卧室外，还可将卧室灯光由明亮的冷光换为暖光，制造更让人放松的环境。

培养消除夜间反刍的优良习惯

每个人的睡前习惯不同，并没有绝对的黄金定律。如果可能的话，不妨集思广益，多做尝试。

◉ 定一个停止工作的时间

这个时间最好不晚于睡前一个小时。刚开始的时候会很难坚持，但是随着睡眠时长的增加，你在白天会有更多精力做事，晚上也自然不用工作到很晚。

◉ 写下第二天的待办事项

我们常常会在脑海里过第二天要做的事，担心自己忘事。可以花10分钟认真思考第二天要做的事，然后把待办事项按优先级列出来。列出后先放一边，做点别的事情，做完后再来看待办清单，看看有没有遗忘的事。

看完第二遍之后，就可以放下了，第二天再来执行。

◉ **把想法写到日记里**

列待办清单是大脑转储的一种形式。同理，我们也可以通过写日记来转储脑中的一些思绪和顾虑，这样在睡觉的时候就不用多想了。在日记的结尾，写下几件你感激的事或者积极的话语。

◉ **做让你放松和感觉良好的事**

你可以冥想一会，喝一杯热饮，或者放松地冲/泡澡；也可以享受10~20分钟的私人时间，或是在漫长的一天结束后给自己一个奖励；还可以敷一片面膜，准备第二天要喝的奶昔，或者听你最喜欢的唱片……总之，给自己一点爱自己的时间。

◉ **渐进式肌肉放松**

躺在床上后，可以试着先进行渐进式肌肉放松：收紧脚趾，吸气，屏气5秒钟，然后在放松脚趾的同时缓缓吐气。接下来，用同样的方式依次放松小腿和大腿肌肉，然后由下至上，放松全身肌肉。

◉ **阅读**

一家床垫评论网站调查了1000个人的睡眠习惯后发现，阅读的人比不阅读的人平均每天多睡1小时37分钟。不止如此，阅读还可以全方位地改善我们的身心健康，不仅有利于减轻个体压力，还可以扩充词汇量、增强同理心。

◉ **精油舒缓**

特定的精油也有促进睡眠的效果。有研究发现，薰衣草精油可以镇定神经系统，佛手柑和檀香的混合精油也有提高睡眠质量的效果，64%的受试者在使用后睡得更好(Dyer et al., 2016)。人体睡眠周期还受到皮质醇的影响：皮质醇分泌过多，夜间睡眠就会受到影响。而快乐鼠尾草精油则可降低皮质醇水平，有利于调节睡眠周期(Lee et al.，2014)。

◉ **分散注意力**

如果你满心愁绪，难以入睡，那不如再做一次渐进式肌肉放松，然后拿起书读一读。如果这样没有效果，那就不要再继续躺在床上，以免陷入反刍思考。我建议花20分钟做一点无聊的事，之后再上床睡觉。这样既分散了注意力，大脑也不会认为做这件无聊的事毫无意义，所以不会影响日后的睡眠。叠衣服或打扫厕所都是不错的选择，可以试试看！

保持良好的睡前习惯十分重要！《欧洲社会心理学期刊》(*European Journal of Social Psychology*)上的研究表明，一个新习惯的养成需要18~254天的时间(European Journal of Social Psychology, 2009)。这里的数值只是参考，并不是说我们都得等大半年才能看到改变。在培养习惯的时候，我们可以稍微做一些调整，这样能更快地看到成效。

改变不在旦夕之间，一步一个脚印地往前走，才能看到成效。

应对不请自来的侵入性想法

侵入性思维属于消极思维的一种，通常是自然出现的想法，使人深陷其中、心烦意乱，还可能引起抑郁。侵入性思维还与强迫症和药物滥用密切相关。

在日常生活中，侵入性想法经常会出现。加拿大康考迪亚大学的研究显示，94%的人都有过侵入性想法。当这类想法出现的时候，我们需要加以控制，以免其发展为强迫性思维或引发更严重的心理健康问题。

侵入性想法可能是对某个事物的恐惧，比如生病或染病。例如有疫情暴发，我们会不自觉地担心自己得病，这样的情况十分常见。有的人可能还会想到一些侵入性的画面，比如违法或伤害某人，还有的人可能会产生与性爱有关的不当的想法。

再比如，已婚的人如果看到了心动的人，可能有一瞬间会想出轨。当他们无法摆脱这种想法，而且现实关系也受到影响时，这种想法就发展为强迫性思维，这也是强迫症的潜在表现。

当强迫症患者产生侵入性想法时，他们会恐惧特定的事物。比如，大多数人都曾因为周围流行病暴发而担心自己可能感染流行病，但强迫症患者会持久且反复地把注意力集中在一种特定的恐惧上，比如担心因车祸丧生或家人去世。正因为想法太过具体，这样的心理痛苦往往是难以言表的。强迫性思维还可能会发展为严重的社交焦虑。

除了消极思考和反刍思维之外，侵入性想法也与抑郁有关。此外，《焦虑障碍杂志》（*Journal of Anxiety Disorders*）上的研究显示，超过25%的强迫症患者存在一定程度的药物滥用障碍（Journal of Anxiety Disorders，2008）。

如果你觉得自己已经无法控制侵入性想法，而且每况愈下，那么最好寻求专业帮助。对于强迫症的治疗，认知行为疗法非常有效，建议尝试一下。

如何战胜侵入性想法

1. 让想法掠过脑海

我们无法阻止或避免想法的产生，但如果假装这些想法不存在，我们就会更在意，也就更难摆脱它们。为了尽量减少侵入性思维的影响，我们要试着接受并承认它们的存在，想象它们并不会阻碍我们前进的步伐，而是会直接从脑海中掠过。

2. 避免恐惧

避免恐惧是很难的。我们应该记住，恐惧只是一个想法，我们恐惧的其实与现实的情况不一定相符。如果你担心自己很贫穷且无家可归，这并不意味着你真的陷入困境，也不意味着你就注定会穷困且无家可归。侵入性想法会让人陷入深深的恐惧之中，并最终促使我们做出不理智的行为。

我们要认识到，感到恐惧并不意味着我们就要因此采取行动。试着慢慢深呼吸，每次呼气时想象自己把恐惧呼了出去，一点一点释放身体的紧张感。

3. 别把侵入性想法放在心上

侵入性想法与潜意识的想法不同，并不反映我们内心深处的渴望。它们不受控，你也不会因为有这样的想法就成为坏人。这些想法不是事实，也没有发生。如果我们因为这些而情绪低落，甚至感到内疚，那只是在给自己徒增心理压力。

回想一下，忘掉积极的想法是不是很容易？想象一下你会中彩票，然后再告诉自己这件事不会发生，此后你心中会毫无波澜，直接把这件事抛诸脑后。如果你可以这样简单地忘掉积极的想法，那就试试也用同样的方法忘掉侵入性想法。

4. 不要因为你的想法而改变你的人生

有的人因为看到过可怕的飞机事故画面就不坐飞机；有的人担心自己会出丑就不参加派对；还有的人因为怕撞到行人就不开车……我遇到过太多这样的人。

改变生活方式并不会让侵入性想法消失，只会让生活充斥着恐惧感。这样的如履薄冰让人痛心，也会让人错过生活中太多的美好。我们要学会直面侵入性思维，而不是试图通过改变自己来摆脱它们。

5. 别太把他人的意见放在心上

我总是听人说“别往心里去”。这个主意很好，但也是最差的建议。具体的方法是什么？实际该怎么做？难道就厚着脸皮，当没听见吗？对我们大多数人来说，这不是件简单的事，而且很可能会引起情绪反刍。

下面，让我们用一个具体的例子分析一下他人的行为是如何引起过度思考的。如果你走在前边，给后边的人留了一下门，后边的人没有感谢你，你可能就会觉得他们不尊重你。这时，大脑会告诉你，如果人们有不尊重你的表现，那可能你就是一个不值得尊重的人，从而让我们认为自己不值得尊重，陷入自己一文不值的情绪之中。

按照理性情绪行为疗法（Rational Emotive Behavior Therapy，REBT）之父阿尔伯特·埃利斯（Albert Ellis）的理论，引起情绪的不是行为本身，而是个体对该行为的解读，而这种解读基于我们个人的信念。

如果你认为为他人留门是有礼貌的行为，那么当别人没有感谢你时，你就会感到沮丧。但如果你并不认为有必要为他人留门，或者觉得并非每个人都会认同你的信念，那么这个行为就不会令你沮丧。同样的，这个理论可以用于解释绝大多数的行为。让我们来举几个例子，看看你的想法是否与别人的不同：

- 分享食物、信息和办公用品。
- 回拨未接电话。
- 保持房间整洁。
- 参与家庭聚会。
- 在别人的车里换电台。
- 喝光了他人的牛奶但不买新的或不道歉。

你总是希望自己的另一半参加家庭聚餐，但是他/

她却觉得这非常麻烦。你可能会因此觉得他/她不喜欢你的家人，或者不想和你在一起。

可对于那些来自破裂家庭的人而言，这样的家庭场合让他们想起了自己并不美满的童年。并不是每个人都会信你所信，了解了这一点，我们也就不会太过在意他人的行为。

我们还要知道，别人所说的每字每句并不都是针对你的。我最受不了那些开大车却不会停车的人，如果我偶然跟你提到这一点，而你又碰巧有辆大车，这并不意味着我对你有意见。有时候，我们很容易把一般性评论当作针对个人的批评。

一旦走心，这些评论就会一整天在你脑海里翻腾。与其如此，不如直接礼貌地问问对方，这些评论是不是针对你的。当然，这样做我们可能要直面批评，要克服内心的恐惧。可就算这样，情况还会更糟吗？不会。

如果评论确实是针对你的，那你可以判断它是否合理。如果合理，你可以提升自我。如果不合理，你可以提醒自己，别人的批评并不都基于事实，只不过是个人观点罢了。但更有可能的是，别人会说他们的评论与你无关，那你的情绪反刍也会就此打住。

在面对他人的评论时，同理心扮演着很重要的角色。我们困于自己的思维，试图解决自己的问题。有人可能会吼我们、议论我们，甚至肆无忌惮地对我们撒谎。但我们要学会放宽心胸，做个“大写”的人。要做到这一点，就不要沉浸在那些伤人的话语之中。我们要明白，他们之所以那样做，也可能是在与自己内心的恶魔做斗争。

他们也可能会有消极想法和恐惧，也有想要弄清的问题。他们所说的话语可以反映出他们自身的问题，虽然他们不应该拿你出气。如果你的反应过激，就可能会助长他们的气焰，让自己受到更多伤害。

理智有效地解决问题

我常常听到有人抱怨说，反刍思维就好像一团迷雾，让我们的头脑变成一团糨糊，影响我们的决策能力。我们很容易嫉妒那些善于解决问题的人，因为他们似乎对自己的能力充满信心，生活简单直接且没有顾虑。

决策力是可以后天习得的。有些人或许天生比其他人更擅长做决定，但这并不意味着你的决策力就无法提高。你并不是不擅长做决定，而是被过度思考模糊了判断，对自己产生了怀疑。

在做决定时，与其告诉自己不要过度思考，不如学会更聪明地思考，这样我们才能自信地做出正确的选择。

举个例子，你现在要选择是做电子报告还是纸质报告。随着数字化时代的到来，电子报告看起来更吸引人，也更专业，可你又觉得纸质材料对客户来说更方便查看，会后也可以阅读。上次做报告的时候，你听同事的建议做了电子演示文稿，结果并不符合老板预期。你觉得压力越来越大，因为要做这个选择需要考虑很多的因素。

要想做出明智的决定，我们首先要做的就是抛开情绪，关注事实本身。如果一个选项没有事实支持，那么它就只是一种情绪。这并不是说要把情绪和决策割裂开来，只是在做决定的时候不要把注意力放在情绪上，防止情绪反刍。

我们可以试着跳出当前情况，从局外人的角度来看待问题。就拿刚刚的例子来说，我们可以从老板或客户的角度来思考问题。对他们来说，什么才是最有利的选择？为什么你的同事会建议做电子报告？是因为纸质报告需要用更多精力准备吗？如果是的话，你如何解决这个问题？

“智无识不立”，要想做出稳妥的决定，就要学会运用知识的力量。在权衡各个选择的利弊之前，要先问问自己是否对它们有足够的了解和认识。我们可以通过各种途径来获取知识，而研究客户的资料之后，我们就可以更多地了解其喜好和价值观。

通过与同事自信地交流，你能聆听他们的观点和想法，拓宽视角。你还可以向上司寻求反馈，谈一谈上一次报告中所犯的错误和需要改进的地方。

最后，拿出一支笔和一张纸，写下不同选择可能带来的结果，对比最差的情况和最好的情况。在权衡各自的利弊后，哪个选择更突出？

在做决策时，一定要设定一个期限。如果你想不到清晰的截至时间，那不妨试试“1、2、3游戏”(The 1,2,3 Game)。不要事先思考答案，要即时做出反应。

数“1、2、3”，然后说出你第一个想到的选项。别人数数的话效果会更好，因为我们没法预料别人什么时候会说，所以不会有预设。在回答的时候，一定要大声。不要因为缺乏自信而不敢说，你的直觉不一定是错的，这个小游戏正是给你的直觉表现的机会。

实用小练习

我们已经介绍了许多克服反刍的方法，我想在最后再分享一个既有趣又有效的方法——自我疏离（self-distancing）。蝙蝠侠效应（The Batman Effect）就是利用了自我疏离原理，把自己想象成蝙蝠侠去思考问题。这样的自我疏离训练可以帮助我们拉开自己与问题或挑战的距离。从远一点的地方再看同一事物，或许会有不一样的理解。

具体来说，在进行自我疏离训练时，我们不用第一人称“我”来表达想法，而是用第二人称或自己的名字。我们来看这样一句话：“希望我能更努力工作。”这是第一人称的描述。如果用自我疏离的方法，我们可以说“希望你能更努力工作”或者“希望某某（你的名字）能更努力地工作”。当我们用“我”以外的人称代词思考时，我们就像是在给朋友提建议一样。

美国歌手碧昂斯和阿黛尔等成功人士都拥有多面的性格。他们把自己代入不同的性格角色，就能够更好地应对紧张和压力。

2016年，美国汉密尔顿大学的研究人员进行了一项研究，让4~6岁的孩子在10分钟内重复做一个任务（在此期间，他们可以随时休息）。

在做任务时，他们会反复问自己一个问题（以下三选一）：

- 我努力吗？
- ××（孩子的名字）努力吗？
- ××（孩子最喜欢的角色，如蝙蝠侠、小小冒险家朵拉）努力吗？

结果发现，用自己名字问问题的孩子比用第一人称问问题的孩子表现得更好。而把自己想象成最喜欢的角色的孩子，不仅休息得更少、工作更努力，还更享受做任务的过程，在完成任务时效率最高。

下次如果你发现反刍的苗头，不妨试试自我疏离，或者在心里创造出一个角色，这样你就能换一个视角，以更广阔、更理性的方式去思考问题。

到目前为止，我们着重介绍了消除反刍和过度思考的各种策略。这些方法有的复杂有的简单，均以科学研究为基础。虽然我们对这些策略有了一定的了解，但是在巨大的现实压力面前，我们的努力有时仍然是不堪一击的。所以在下一章中，我们要学习一些基本技巧，以有效缓解压力。

第五章

重塑大脑，控制情绪，减轻压力

下文列出了许多有关压力的数据，但请不要被这些数字吓到了。我只是想让大家了解一下压力到底对我们的生活造成了怎样的影响，这一点非常重要。

现在的我们似乎时刻都处于压力之中，就好像它不是偶尔出现，而成了一种生活常态一样。但人体其实是无法负荷持续的压力输入的，我们也会逐渐意识到压力造成的负面影响。

美国职业压力协会（American Institute of Stress）汇总了与压力相关的统计数据，其中一些令人大为震惊。正是这些数据告诉我们，是时候做一些努力，给生活减减压了。

- 在美国，年龄处于30~49岁的人压力最大。
- 52%的Z世代[1]人患有心理健康问题。
- 83%的美国工人受到工作压力的困扰。
- 抑郁导致的员工缺勤使公司承受了510亿美元的损失。
- 每年用于治疗压力的医疗成本高达1900亿美元。
- 美国每年由工作压力引起死亡的人数为12万（American Institute of Stress，2019）。

1 指1995—2009年间出生的一代人。——译者注我们都不想成为这些例子中的一个，所以我们要控制压力，认清压力的本质，找到造成心情不悦、消极情绪和健康问题的源头，而不仅仅是接受压力的存在。

听神经科学家的话

或许，你的压力太大了，感觉自己已经处在崩溃的边缘。有些东西你不得不放弃，但你不想大吵大闹，也不想精神崩溃。那么，我在这里介绍3个解压的好方法，也许会对你有用。

它们听起来非常简单，简单到你觉得它们可能不会奏效。但是我想从神经科学的角度告诉你，这些方法是有科学依据的。

1. 面部肌肉的放松

研究表明，大脑和身体之间的交流由神经回路完成。大脑中的灰质在压力的影响下会导致身体多处肌肉紧张。而当肌肉紧张时，身体又会向大脑发出信号，表示已接收到信息。

如果你试图让大脑放松下来，但还是一直会感觉紧张，那就需要打破循环，让身体告诉大脑，你不再感觉到有压力了。这个信息可以通过放松紧绷的面部肌肉来完成，因为面部肌肉与情绪有着紧密的联系。当然，手部、胃部，甚至臀部等部位的肌肉也会向大脑发送放松的信息(bakadesuyo.com)。

2. 刺激迷走神经

迷走神经是人体内最长的神经，从大脑一直延伸到大肠，负责许多关键的身体功能。对于压力大的人来说，刺激迷走神经可以降低心率，缓解压力并减轻焦虑。迷走神经受损则可能导致人注意力集中时间变短，甚至出现抑郁(Dr. Shelly Sethi, n.d.)。

喉内肌肉中有迷走神经分支分布，与声带相连。一个刺激迷走神经的方法是往脸上泼冷水，虽然这是个老方法，但也确实有效。

3. 享受音乐

听着喜欢的音乐，你会不由自主地跟着唱起来。音乐不仅可以刺激迷走神经，还可以在其他方面帮你减轻压力。大脑边缘系统在情绪反应中起着重要作用，而音乐又与边缘系统有着紧密的联系。此外，听音乐还可以提高心率。而且，抛开科学理论不谈，有些歌曲就是有让心情一下子变好的魔力。

相比听音乐，制作音乐对边缘系统的影响更大，不过不是每个人都有创作的天赋。但无论是听还是创作，音乐都是关键。如果你不会弹奏乐器，跳跳舞也行。就像运动一样，人在跳舞时也会释放内啡肽。如果你和朋友一起跳舞，社交互动也会给你带来积极的影响。

根据我的个人经验和以往客户的反馈，以上这4个方法可以非常有效地缓解压力。当然，这些方法也要适时使用。如果你正在开会，那么放松面部肌肉和唱歌的方式就不大合适。相比而言，放松臀部肌肉就巧妙得多，也可以帮你减压。

如果你为参加一场重要活动而感到紧张，或者只是坐在办公桌前就觉得不堪重负，那不妨去卫生间用冷水洗洗脸，这可以帮你调整心态，继续接下来的活动。这些方法都只需要几分钟的时间，所以不妨试试吧。

如何理清思绪

思绪纷乱无非是一个又一个推迟的决定罢了。

——芭芭拉·亨普希尔（Barbara Hemphill）

脑中乱成一团，乱的是什么？不一定是消极想法，也可能是脑中那些无关紧要、漫无目的的存在——可能是过往的记忆，可能是我们曾经犯下的过错，还可能是我们无法控制的事。正是这些事，以及对未来要做的事的担忧，扰乱着我们的思绪。

总之，任何妨碍我们专注于手头工作的，阻止我们着眼于当下的，就是扰乱我们思绪的存在。它们萦绕在我们的脑海中，嗡嗡作响，会极大地影响我们的情绪、增加焦虑感，甚至引发抑郁症。我们很难一下子就摆脱消极想法，同样，也很难从千头万绪中瞬间跳出来。

要知道，空间上的杂乱很可能与精神上的杂乱有关。曾有学者用三天时间参观了双收入夫妇的家。研究发现，言语中使用“乱”（clutter）和“没做完”（unfinished）等词的女性受访者在一天当中的抑郁水平较高；而更多使用积极词汇，如“悠闲”（restful）和“恢复过来了”（restored）的女性受访者总体上更快乐（Saxbe & Repetti，2009）。

在第三章中，我们“打造”了一个整洁的居住环境。如果你还没有开始清理房间，那现在就开始吧！

除此之外，写作也是理清思绪的一个极好方法。

我建议，在睡前列一个待办事项清单，把需要做的事写下来，这样在睡觉的时候就可以安然入眠。在某些时候，我们可能想要快速地整理思绪，那不妨试试“大脑转储”这个方法。如果想每天整理一点，那么写日记就很适合，不会让人一下子吃不消。

你处理决定的方式会影响脑内“杂物”的数量。正如芭芭拉·亨普希尔所说，每个拖着没做的决定都会让现状愈加复杂。我们生活中有些决定就应该被大脑自动化处理掉。例如，问一问自己，“晚上吃什么”这个问题我们每天要想多少次。

如果我们已经制订了周计划，每天就无须再考虑要做什么。同样的道理，穿什么衣服、做什么家务、要做什么运动……这些我们都可以提前计划。习惯是最好的伙伴。养成了习惯后，我们就可以大大节省精力，不用再费心做许多小的决定。

对于一些艰难的决定，不要拖着不处理。你每解决一个问题，脑中就会愈加清晰。下面的几点建议，希望能帮你更好地做决定。

◉ 写下问题和最好的结果。

◉ 想出至少三个可以达成目标的方案。

◉ 列出每个方案的优缺点。

◉ 在脑海中预演每个方案，找到所需的工具或资源，并思考其过程中可能会遇到的挫折。

◉ 排除最差的方案。

- 根据脑内预演结果，重新审视剩余方案的优缺点。
- 若仍不能清晰地做决定，那就试试“1、2、3游戏”！

当我们整理房间时，通常是先从一个区域开始，然后一点一点地整理完整个屋子。我们没有必要分散精力，同时做好几件事。同样，整理杂乱的思绪也是如此。我们可以用具象化的方式把脑中的“杂物”都推到一边，然后把注意力都放在一件事上。如果你发现有的“杂物”试图越界，那就加固边界，确保另一边只有这一件事。

另一个建议就是，我们一开始就不要让太多“杂物”进来。世间有太多纷扰，我们要学会与之保持距离，甚至完全不接触。下次你在看新闻或刷社交媒体的时候，想一想：你变开心了吗？这会提高你的生活品质吗？这有必要吗？如果答案是否定的，那么这些就是“杂物”，没有必要放进来。

我们要先抛弃这些不必要的东西，限制信息输入，然后再将剩下的“杂物”按优先级排序。这个时候可能需要进行一次大脑转储，“清空储存”之后就可以把剩下的想法按优先级从高到低列出来。我建议留出时间，每周甚至每天都“清空储存”一次，并把脑内剩下的“杂物”按优先级排序。

通过重塑大脑克服压力思维模式

我们在前文中曾提及“神经可塑性”这一概念。为了重塑大脑，我们必须首先明确神经突触可塑性的原理。

在神经科学领域，一句老生常谈就是：“一起被激发的神经元连在一起。”[1]这也就是说，每当我们激发一个想法时，神经元就会结合在一起，形成新的连接，并根据个体的过往经验创造出新的记忆。

这就像玩黏土一样。在玩黏土的时候，你（或你的孩子）有没有过这样的经历？刚把两种颜色的黏土粘在一起，你就后悔了，因为黏土粘在一起之后就分不开了。每次我们为某件事而愁眉不展时，神经突触就好像黏土块，被粘在了一起。

科学家过去认为人成年后大脑就停止了发育，也就是说，黏土一旦被粘上就不会再有修改它的机会了。随着核磁共振（MRI）等成像技术的发展，我们现在知道了，大脑也可以被再开发和重塑，黏土作品也有修改的可能！

这就像培养新的兴趣爱好。通过频繁练习，下的功夫越深，脑内连接就越强，也就更可能形成神经网络。

1　这句话是赫布理论（Hebbian theory）的一部分，简要描述了突触可塑性的原理。——译者注

通过重塑大脑来克服压力听起来非常复杂，实则不然。从今天起，你就可以开始试着重塑大脑了，方法非常简单，比如培养新爱好，如果涉及一些运动就更好了。当然，不涉及运动也没关系，你还是会从中得到诸多益处。

2015年发表在《神经影像》(*NeuroImage*) 杂志上的研究发现：绘画等视觉艺术可以改变神经结构及功能。同时，学习一门新乐器的过程涉及重组神经网络的复杂认知过程，所以也是增强神经可塑性的一个好方法。

下面这4点建议有助于大脑发育，可以帮助我们减少和控制压力。

1. 脑内锻炼

在某些情况下，我们无法亲身实践自己想做的事，但可以在脑内模拟这些活动。中风患者可能无法行走，但通过想象走路的过程，仍可激活脑内神经元。

2. 学习一门新语言

学习语言能促进大脑灰质和白质的发育。灰质与注意力、记忆力和情绪有关，而白质可协助脑内不同区域间交流，与解决问题的能力有关。研究结果表明，学习一门新语言会增加大脑灰质的密度 (Lindgren et al., 2012)。这可以帮助我们更好地应对压力。

3. 常练解谜

纵横字谜游戏、找词游戏和数独游戏都可以让大脑保持活跃的状态。在解谜的过程中，你在不断地学习并激活神经元。曾有学者对19100名被试者进行了试验研究。结果显示，玩解谜游戏的被试者的大脑表现出更强的功能，甚至与比其年轻10岁的人相比也不遑多让（Brooker et al., 2019）。

4. 思考有意义的问题

我们要明白一个道理，长期的高压力可能会对神经可塑性产生压制作用——大脑重量仅为体重的2%左右，而其运作却需要消耗约20%的能量。

在长期的压力下，大脑会征用原本用于创造新神经元的能量去处理压力。当感到压力大时，你就会知道大脑的生长能力正受到压力的限制。

迪帕克·乔普拉（Deepak Chopra）是替代医学的倡导者、夏普身心医疗中心（直译，Sharp HealthCares Center for Mind-Body medicine）的执行董事，也是乔普拉健康中心（Chopra Center for Wellbeing）的创始人之一。他设置了一个每日5分钟的减压练习，可以帮助人们缓解压力。

他解释说，神经可塑性结合了两个过程：神经发生（neurogenesis，即新神经元的生成）和突触发生（synaptogenesis，即神经元间新连接的产生)。神经可塑性不仅可以通过冥想和自我反思得到提高，还可以通过思考有意义的问题得到增强。以下就是几个有意义的问题：

- 我是谁？
- 我想要什么？
- 我的目的是什么？
- 我有什么独特的天赋？
- 我热爱什么？
- 我足够坦率吗？
- 我有哪些责任？

每天花5分钟进行自我反思，思考以上问题，大脑就可能会更活跃。乔普拉表示，必须每天都进行这个练习，持续6周，这样它就能成为我们受用终生的习惯。

做自己想法的主人

尽管我们很想做自己想法的主人，但往往会有一些“小人”出来捣乱。

一个是“内在批评者”，它会将你和别人做比较，倾听别人的意见，坚定你的自我怀疑和自责。“担心者”爱做假设，但常常都是一些非理性的假设。“反应者”是个危险角色，它很冲动，会引发愤怒和烦恼等消极情绪。而“睡眠剥夺者”就是一个彻头彻尾的反刍思维者！

要想成为自己想法的主人，我们首先要承认这些角色的存在。你需要跃居它们之上，让它们各司其职。

在这4个角色中，“内在批评者”有着领导地位。只要能控制住它，其他3个就会乖乖就范。关于“内在评论者”，我们会在下一小节做更详细的介绍。现在，让我们看看如何控制另外3个角色。

1. 控制“担心者”

如果“担心者”长时间处于高度戒备的状态，你的身体就会存在健康风险。过度的“战斗或逃跑”反应可能会导致你出现呼吸困难、心跳加快和肌肉紧张等症状。这里有两个方法，可以让“担心者”平静下来。

如果你有信仰的话，你可以通过更高/神圣的力量来解决问题，或者直接解决“担心者”。这里我要说明一下，信仰并不一定意味着是上帝。对一些人来说，它可能是佛祖、一种精神或一种能量。对另一些人而言，它可能是指科学、自然，或者是你想要创造和命名的完全不同的永恒。如果担心父母生病，你可以祈祷更高力量的眷顾，保佑他们平安健康。

另一种方法就是直接和“担心者”对话，就像下面这封信一样：

亲爱的“担心者”：

谢谢你如此关心我的父母。现在我可以自己照顾他们，不用再麻烦你了。我会去拜访他们，确保他们身体健康，并尽自己所能保护他们的安全。你不用再担心了。

这些方法听起来或许有点离谱，但确实有效。你把自己和担忧分割，然后让大脑知道一切都已经解决了。当你做某事或和某人说话时，大脑也就不会再被担忧占据。

2. 控制“反应者”

“反应者”出现时带来的身体反应和“担心者”很相似。你的呼吸会变得急促、心跳加快并感到紧张。我们首先要确定是哪个角色在控制大脑。你感受到的是一种沉闷且持续的担忧，还是一种尖锐的、激烈的、强有力的刺痛？

如果是后者，那就是“反应者”，你必须马上出手阻止它。不要跑去浴室往脸上泼冷水了，那样就太迟了。正如它的名字一样，“反应者”可是一个“行动派”。

如果察觉到反应者在试图控制大脑，我们有一秒钟的时间来决定它会不会赢得这场赛跑。你或许不觉得，但控制权实际在你这里。假设你的老板公开羞辱你，你怒不可遏，马上就要出言反击。在那一瞬间，你可以选择生气，也可以试一试菩提格呼吸法（Buteyko breathing）。首先，自然地吸气和呼气。呼气后，尽可能长时间地屏住呼吸。在屏气的时候，你还可以捏住自己的鼻子。当你需要呼吸时，放开鼻子，自然呼吸就好。

这个呼吸法有助于重新平衡体内的氧气和二氧化碳，对于过呼吸的调节是有效的。

3. 控制“睡眠剥夺者”

“睡眠剥夺者”本身就是一个反刍思维者，所以我们可以首先重温一下第四章“停止反刍、改善睡眠的方法”中有关如何培养睡前习惯、进行放松的内容。

做计划是个好方法，表明我们对未来充满期待，正在试着高效地管理时间。然而，计划对于有些人而言具有强迫性，做了太多的心理规划，导致睡眠不足。当他/她感觉到自己得分秒必争时，就会出现这种情况。当事情没有按计划进行时，他/她也会感到巨大的压力。

为了不让心理规划影响睡眠，不妨制订一套周作息计划，并尽可能地按计划坚持下去。

建议在计划中留出一部分弹性时间。比如假设从学校到工作地点需要10分钟，那么考虑到可能出现堵车的情况，我们就可以多留出5分钟。即使事情没有按计划进行，我们也有这部分预留的弹性时间，这样对计划的影响较小，承担的压力也较小。

同样，周末也可以留出一部分空闲时间。如果有工作日未完成的事，或者只是为了放松，我们都可以利用这段时间。

智取“内在批评者”

“内在批评者”十分擅长消极的自我对话。我们给自己起的绰号、骂自己的话、对所做的事的责备、对某些想法的批评……这些它都知道。一旦发现内在批评者，我们就必须立即阻止它，因为它可能很快就会失控。

因此，我们需要用适当的方式来快速地打断当下的批判性思维。要打断思维，我们可以使用之前学习过的技巧和方法，比如弹手腕上的橡皮筋、改变周围环境，或者改变活动。

你也可以将内在批评者具象化，把它塑造成一个人物角色，然后告诉它“就此打住”或者“够了”。

无论消极的自我对话讲的是什么内容，我都建议用积极的自我对话去代替它。内在批评者会说：“你真是个白痴。”这时我们要进行积极的自我对话，对自己说：“你犯了个错误，你会从中吸取教训。”

你不能只相信内在批评者对你说的话。要做到这一点并不容易，因为你需要增强自尊。待自尊心强大之后，你对自己也就更有信心，更相信自己的能力和你所做的决定，也就可以忽略内在批评者的话了。

在这之前你要先分析“内在批评者”想要表达什么，然后再判断它的观点是否有证据支持。如果没有证据，它的话就不一定是对的。

最后，如果内在批评者说的是对的，那么想一想接下来会发生什么。你要对内在批评者说“所以呢”或者“然后呢”。假如它批评你说：“你刚刚的政治发言真是太丢人了。”你回答：“然后呢？”难道所有的朋友都会因为你表达了自己的观点就弃你而去吗，还是大家就不再提这件事了？

再举一个例子，你上班时开了个很冷的玩笑，大家都没有笑，但你不会因此就丢掉工作。当我们以这种方式去挑战内在批评者时你会发现，因为没有回应，所以内在批评者也就平息了下去。

此外，别忘了，你可以让内在批评者为自己所用。虽然这样的情况很少，但当任务来临之际而你还没有准备好时，你也会遵循心声。

但我们知道这是可以改变的。与其反复思考你能做什么，不如下定决心思考如何去提升自己。

就像我们之前提到的，这4个角色都在试图控制我们的思想，而内在批评者是这4个角色之中的领军人物。消极的自我对话会引起担心、失眠，还会令我们愤怒或沮丧。内在批评者摧毁了我们的自尊。如果你在有了一些进步之后，仍然觉得内在批评者在控制着你，那它可能还会再次把你撕裂。

10招管理压力

压力管理不仅仅是指管理你的压力水平，还包括增加我们对于压力源的认知，知道了会造成压力的原因后，再利用技巧和方法来减少其影响。但这也意味着我们要接受这样一个事实：我们永远无法彻底摆脱压力。首先，世间纷纷扰扰，要想完全没有压力是很难的。其次，轻微的压力对我们而言是有一定好处的。

虽然大量研究结果表明压力对健康有负面影响，但也有研究探讨了压力的积极作用。在2016年，美国加州大学伯克利分校的丹妮拉·考弗（Daniela Kaufer）、伊丽莎白·柯比（Elizabeth Kirby）及其同事对压力进行了研究，结果发现，特定类型和特定水平的压力是有益的。

他们对老鼠进行了实验，发现急性、短暂的压力刺激会使海马体中生成多一倍的新神经元。这些神经元与我们学习新技能时产生的神经元相同，这一点呼应了我们之前提到的神经可塑性。在记忆测试中，压力状态下的老鼠的表现也更好。也就是说，在短时间内，适量的压力可以改善大脑并让我们更加警觉。

这就是为什么我们要控制压力水平并将其控制在有益的程度。想象一下，你正在为一个派对做准备，没有压力，也自然没有要完成任务的紧迫感。但如果压力太大，你就会变得不知所措，四处奔波，而实际上只是白忙活一场。适量的肾上腺素能帮你完成待办事项。

在运用任何压力管理技巧之前，先花些时间想一想是什么让你感到压力。如果你有一张待办清单，在一两天之后你就会开始往清单里添加一些内容，这很正常。有时候，在感到压力之前我们通常不知道是什么让我们感到压力。

实际上，根据人的性格类型不同，诱发压力的因素可能会有成百上千种，最常见的就是家庭、工作、财务和事态变化，或者交通状况、突发疾病、杂乱的屋子……生活中的大事小事都能够让人紧张起来。

一旦列出了自己的压力源，你还要在实际生活中识别每个压力信号。你是否感到恐慌或出汗？你是否感到头痛、胃痛、头晕？类似的信号还有很多。之后，我们就可以开始实施压力管理策略。

◉ 减少背景噪声：无论你是在看电视还是在拥挤的地方，尽量减少周围的噪声，因为持续的噪声刺激会增加压力。

◉ 谈谈压力大的原因：比如，你出门时家里还是干干净净，回来时却发现厨房堆了一大摞盘子，于是你感到恼怒。再比如，有人从你的办公桌上拿走了东西，但迟迟不归还，于是你没法专心工作。在这些情况下，你都可以礼貌地告诉对方。

◉ 按摩：由下至上揉搓每根手指，两手交替进行。

◉ 去公园散步：美国康奈尔大学的研究显示，只要在自然环境中待10分钟，人的身心压力就可以得到缓解，心情也会更好（Cornell University, 2020）。

◉ 帮助他人：耶鲁大学医学院的一项研究发现，帮助他人可以改善我们的整体情绪（Yale University School of Medicine, 2015）。我们可以帮助朋友、帮助同事，或者做一些帮别人开门这样力所能及的小事。

◉ 小憩一下：10~20分钟的睡眠可以降低皮质醇等应激激素水平。

◉ 拥抱和/或接吻：拥抱和/或接吻可以降低皮质醇水平，这对女性而言尤其有效。接吻会让肾上腺素激增，身体也会分泌大量的“快乐荷尔蒙”，比如多巴胺和血清素。

◉ 嚼口香糖：关于嚼口香糖对于压力的影响，学界的研究结果不一。但自第一次世界大战以来，美国陆军已将口香糖纳入战地口粮，帮助士兵应对压力。

◉ 芳香疗法：芳香疗法对于压力管理非常有效。一些气味可以改变脑电波活动，降低应激激素水平。但“汝之蜜糖，彼之砒霜”，每个人对气味的感受都不同，建议多尝试不同的气味，找到适合自己的香味。

◉ 心存感激：一日之初，想想今天想感激的三件事，写在冰箱的磁性白板上、给他人留言，或者写在感恩日记里。懂得感恩的人的心理会更健康，压力也更小（Valikhani et al.，2018）。

你或许会问我：为何没有讲一些人们常提的压力管理技巧，比如冥想、运动和健康饮食？这些当然很重要，但我更喜欢把这些类型的活动看作自我照顾——低压力生活的一部分。关于自我照顾的方法，我们会在第七章再做详细介绍。

实用小练习

重塑大脑和减压的方法有很多，但如果你没法做出决定，再多的选择也于事无补。况且选择越多，你就越容易半途而废，转向另一个方法。所以，重要的不是数量，而是选择和坚持。

最后，让我们用一个小练习来巩固本章的内容。在这个练习中，我们要从本章每个小节选取一个技巧，制作一个个性化的“工具包”。下面是我制作的“工具包”：

◉ 听神经科学家的话：我喜欢往脸上泼冷水这个主意。在了解了它的原理后，我更加相信它的效果。

◉ 重塑大脑：我喜欢玩数独游戏，但总是没有时间。于是每天早上喝咖啡时，我都会解一道题。

◉ 做想法的主人：在众多“情绪小人”中，对我影响最大的是“担心者”，于是我创造了一个情绪角色，并学会了与它保持距离。

◉ 自我批评：我想要变得更自信。

◉ 管理压力：我喜欢去公园散步和嚼口香糖这两种方法。

从每个小节选择一个技巧之后，至少坚持几周，在这期间记录下你的所有变化。如果几周后你认为这些方法没有用，那就换一个方法试试。

至此，我们已经了解应当如何去克服消极思维、反刍思维和管理压力。如果我们心理问题的源头是自身，那么这些知识对我们而言是很有帮助的。但如果是他人，我们又当如何呢？在下一章，我们会分析他人的一些行为是如何给我们造成困扰的，以及如何应对消极思维加重的问题。

第六章

放下消极情绪、有害想法和被动攻击

你很努力地尝试摆脱消极情绪，也渐渐看到了一些改变。但突然之间，一个外部的因素打乱了你的节奏，不仅之前的努力付之一炬，情况还变得更糟了。

在向前的道路上，任何挫折都会影响我们的信心，让我们怀疑自己的能力。请永远不要忘记，一个挫折并不意味着你的方法不起作用。你也不必从头开始，只是需要控制住消极想法，防止自己掉入消极思维的旋涡，以免从此一蹶不振。因此，在遇到挫折时，我们必须立即采取行动。

这些挫折往往是由外部因素造成的，比如一段关系结束了，或者你失去了心爱的人，再或者你生活中的某人或某事阻碍了你向积极的方向前进。

相比勇敢地走出去，家里安全得多。比如会计部的马库斯不停地挖苦你，你会怎么办?

我们先把这个问题留到最后。在克服消极情绪的过程中，我们需要面对一些挑战——不仅仅要对付心里的恶魔，还要解决那些超出你控制范围的事物。

到现在，你应该已经对消极思维有了一定的了解，也能更好地控制自己的情绪和思维模式。但这些只是基础，为了应对外部因素，你必须更强大，更加了解消极想法和其他状况，如焦虑和抑郁。

让我们以会计部的马库斯为例。马库斯经常会拿你的能力、智力甚至外表开玩笑。在第一章之前，你会认真听着，牢记在心，反复思考他的话，但现在，你知道首先要判断马库斯的话是不是符合事实。你已经学习过摆脱消极思维的技巧，所以消极思维不会久久地困扰你，你也可以应付这样的压力了。但是，马库斯并没有就此打住！

现在你已经调整好了心态，也有精力去应对马库斯了。虽然你不能控制别人的行为，但你可以控制自己的反应。

如何战胜社交焦虑

美国焦虑症和抑郁症协会(Anxiety & Depression Association of America)的调查结果显示，美国约有1500万人患有社交焦虑症(Anxiety & Depression Association of America, 2020)。人们常把社交焦虑当作极度羞怯的一种表现，但其实两者有所不同。

害羞的人一般很安静，可能很容易脸红，对交朋友好像也不感兴趣。有社交焦虑的人则对任何社交活动都感到恐惧，他们不是不想交朋友，也不是不想去公共场所，而是做不到。之所以如此，很大一部分原因是他们害怕在人前出丑或被他人评判。这会导致他们无法在他人面前放松、吃饭或正常讲话，从而进一步影响人际关系，降低工作晋升概率，让他们很难过上美满的生活。

毫无疑问，一场新冠疫情打乱了很多人的生活，社交焦虑患者的人数也显著增加。

当社交焦虑症发作时，就算我们努力讲道理，用科学来说服自己，非理性的我们仍听不进去。所以，我们要问问自己为什么会对社交感到焦虑，毕竟凡事并不是非黑即白的。

说到社交焦虑，这类人通常会在人群中感到手足无措，觉得有哪里不对劲，搞不清自己为什么会在社交场合出现以下症状：

- 心跳加快、呼吸困难、出汗。
- 发抖。
- 头脑一片空白。
- 回避问题。
- 头晕/眩晕。
- 感到恶心或想要呕吐。
- 拥有高度的自我意识。

- 事前过度担心。
- 依赖酒精或毒品来进行社交。

当你注意到自己在社交场合中有以上表现时，请记录一下你周围的环境和可能影响你的因素。

我建议你列两个清单：一个写下让你非常不适的事，另一个写下你不可能会参与的社交场合。

正如我们先前提到的，我们要对恐惧持怀疑的态度。在列出焦虑的情况后，写下现实中可能发生的最差情况。之所以强调现实，是因为我们往往会因为恐惧而过度放大结果。

如果你为筹备会议感到担心，你或许会觉得最糟的情况是经理会在客户面前批评你。可这样做是很不专业的，所以这个情况并不会发生。既然如此，那么现实中可能发生的最坏情况就是：你犯了一个错，仅此而已。

你或许会觉得考虑最坏的情况是在消极思考。但主动考虑最坏的情况可以让我们提前做好打算，这和反复思考未来不一定发生的事是不一样的。

此外，我们还需要注意自己的社交技巧。有时候，对方没有任何贬义，但我们错误地解读了事件并产生了恐惧感。

你可能觉得别人在蔑视你，但实际上那个人只是想要开个玩笑罢了。很多时候我们认为别人在盯着我们看，但人家可能只是在发呆。

如果你的社交焦虑主要源自他人，那么就有必要多学习有关语气、肢体语言和面部表情的知识，从而在日后能更正确地解读他人的言行。

实用小练习

克服社交焦虑需要时间，要一点点地改变，逐渐找到平衡。

第一天，不如先试着从街头走到街尾。第二天，试试走到街尾后在长凳上休息一下。如果你害怕回公司，那就先试着坐回办公桌前，暂时不要去像休息室或餐厅这样可能有人聚集的地方。等你可以自在地坐在办公桌前时，再试着更进一步。

设置克服焦虑的目标可以帮助我们找到一个清晰的努力方向。将大目标分解为可控的小目标，分步执行。同时，不要忘了奖励自己，每达成一个小目标就给自己一个奖励，然后继续朝着更大的目标前进。

走出抑郁的妙招

每个人对抑郁的理解是不同的。我的一位客户曾这样描述过抑郁："你感觉自己好像失去了点东西，但又不知道它是什么、它在哪里。过一阵子，你意识到你迷失的是自我。你在照镜子的时候也会出现同样的感觉，认不出镜中的自己。"

有人把抑郁描述为一种溺水或窒息的感觉：你觉得周围的人都正常地活着，但没有人能看到你的挣扎。还有人认为抑郁是对世间一切的无感：既没有持续的悲伤，也没有不停的哭泣，你完全麻木了。

抑郁会让人筋疲力尽，这一点大多数人都没有异议。但更累人的是，明明很累却还要在人前装作无事发生。你很累，累到"逃"不了；你很怕，怕到"战"不了。

要准确地诊断出抑郁症，最好是向专业的医生咨询，医生可以根据你的情况开药或建议你去做治疗。此外，网上也有各种问卷可以帮你了解自己的抑郁程度。我推荐psycom.net这个网站。它不需要提供任何个人信息、创建账号或输入电子邮件，可以直接使用。

抑郁并不会突然消失。无论你患有轻度还是重度抑郁，都不能对其放任不管，必须采取行动。下一章，我们会介绍该如何照顾自己，这也有助于抑郁症的治疗。以下是帮助缓解抑郁症的几点建议：

1. 不要压抑情感

在当今社会，我们常常觉得表达情感是不对的。人们通过社会关系聚在一起，但在这个过程中我们往往倾向于压抑自己的情感。

研究结果表明，压抑情绪会使因各种原因导致的过早死亡率增加30%以上，癌症风险增加70%（Chapman et al., 2013）。

要给自己受伤、哭泣或大喊的时间。这个时间是专门用来表达情绪的，这样我们就不会陷入情绪中。用一个计时器设定一段时间，在这段时间内尽情发泄，但时间到了之后，就要再振作起来。试一试，你或许会感到格外放松，心情也没有那么沉重了。

2. 莫以今日度明日

今日度明日，明日又思今日。今天是个好日子，于是你感觉更积极了，但这并不意味着抑郁消失了。我知道这听起来很消极，但如果不加以干预，你的心情就会像坐过山车一样，忽上忽下。因此，一天的情绪好坏并不能决定你要不要停止治疗。

另一方面，你也必须提醒自己，就算今天糟糕透顶，就算你不愿意从沙发上下来，明天也可能雨过天晴。

3. 不屈服于抑郁

这个过程可能最为艰难，但也最有益。当抑郁症来袭，并予你重重一击时，你一定要与之抗争。不要去想你要做或者应该做什么，只要迈出一小步就好。

你需要做的就是把双脚放在地上，然后去厨房或者冲个澡。如果你心里不想见朋友，那就去反驳这个声音：独自待在家里比见朋友好吗？就算你在身体上抗拒，思想上也要“拨乱反正”，这样你的大脑才能有控制权。

4. 拓展视野

英国国家医疗服务体系（National Health Service，NHS）的资料显示，学习新技能除了能促生新神经元之外，还能对心理健康产生各种积极影响。培养新的爱好可以在增强自尊的同时创造一种目的感。如果你还没有准备好参加新的社交活动，那么不妨去动物收容所做名志愿者。

修东西也是个好方法，可以给人带来成就感。网上有很多DIY视频，你可以先修补一下家里的东西，比如翻新旧衣橱。此外，网上也有非常多免费的课程，你可以去考取新的资格证书并了解更多关于自己的信息。

5. 减少社交媒体的使用

减少社交媒体的使用可以限制我们接收到的负面信息的数量。这里的负面信息不只局限于那些压抑的消息，还有使我们感到愤怒甚至嫉妒的东西。一项研究结果表明，夜间翻看脸书（facebook）的人更容易感到不快乐和沮丧（Lyall et al.，2018）。

相比之下，不常用社交媒体的用户则较少出现抑郁和孤独症的症状（Hunt et al.，2018）。社交媒体也有好的一面，所以不必完全与之隔离。毕竟，一个人完全不使用任何社交媒体也不太可能。我建议选择性地查看社交媒体上的内容，屏蔽发大量负面信息的人。

实用小练习

在暗无天日的日子里，抑郁会主宰我们的情绪。每当这个时候，我们还是要从小事开始做起，做一些力所能及的事。一下子把目标定得太高可能会适得其反，比如参加大型家庭聚会就比较难。计划是一个驱散乌云的好方法，可以在计划里安排一些你喜欢做的事，正如下面这个例子所示：

- 日计划：开展7个日常小活动（比如运动10分钟、读一章书、听音乐等）。
- 周计划：进行一项活动（比如泡澡、叫外卖、看电影等）。
- 月计划：参与一项较大的活动（比如买件新衣服、到其他城市一日游、理发等）。

他人的行动具有不确定性，所以如果计划里涉及其他人，你就要格外小心。当然，这并不是说你不能参加常规的集体活动，只是说在计划活动时要考虑到这一点。

应对被动攻击

被动攻击是指以伤害他人的方式来表达自己的消极情绪，主要从两方面对个体产生影响，即自我影响和他人影响。我们可能本就是消极又好斗的人，也可能被身边的人以这样的方式伤害。

首先，让我们先来看看几类被动攻击行为：

- 过度的讽刺或含讥讽意味的赞美。
- 冷战。
- 故意迟到。

- 装受害者。
- 明知会给你带来不便却还在最后关头失约。
- 故意惹恼他人（如垃圾箱满了不倒，反而继续往里扔东西）。
- 衡量他人。
- 出现逆反心理。
- 推卸责任。
- 装无知。

如果想要应对被动攻击行为，那么首先应明白，你有权感到愤怒或不安。

我们之所以会做出被动攻击的行为，是因为正在为某些事痛苦，但又缺乏相应的技能或没有足够的信心去妥当处理。举个例子，如果你被另一半伤害了，你可能会退缩，然后无意识地开始冷战。很多时候，我们会害怕和人对峙，也因此变得过于被动，过于消极。这个问题没法破解，所以我们能做的就是变得更加坚定自信。

实用小练习

如果你是因为不知如何应对才被动攻击他人，那就首先要找出影响你的因素——他们做了什么或说了什么。

首先冷静下来，请先别做出反应，此刻并不是做出反应的最佳时机，因为大脑会分泌情绪激素，影响你的判断。

等当你在家处于舒适且放松的状态时，再来回想当初那个时刻，并计划自己要说什么、如何说，既要不失主见又要和善有礼。以下是关于应对被动攻击的几点建议：

1. 对引起消极情绪的因素有明确的了解，并准确地表达你的感受。如果你感到失望，那就不要说悲伤；如果你感到生气，那就不要说愤怒。

2. 提前准备好你想和对方讲的话，对着镜子练习或说给你信任的人听。

3. 多用第一人称“我”来表达想法。这招很妙。如果用“你”开头，别人会有种被责怪的感觉，但如果用“我”来表达，别人就会把注意力集中在你的感受上。

4. 注意你的肢体语言。在表达坚定的态度的时候，我们要与对方有适当的眼神交流，身体保持一个展开的姿态，不要将双手背在身后或夹在两腿间。

5. 注意你的声音。除了注意语调，也要注意速度。说话太快会显得你很紧张，说话太慢又会给人一种你把他们当“傻瓜”的感觉。

6. 如果别人仍我行我素，那你就要主动提出解决方案或讲明后果。比如你可以说“不好意思，我今晚不能加班，但明天可以”，再比如“如果你继续在我朋友面前对我不敬，那我就不会再邀请你了”。

7. 如果有必要，就应当表达你的歉意。人无完人，如果你曾经犯了错，那就大方承认自己的过错。在别人发起被动攻击时，不能放任它，否则只会辜负我们先前的努力。你坚定的态度可以帮你应对被动攻击行为。此外，因为你的行为直击问题，这也有助于你与他人的相处。

与消极又好斗的人在一起时，你要格外控制自己的情绪。被动攻击行为与操纵心理密切相关，如果一个人觉得自己已经拿捏你了，那他/她之后的行为就会变本加厉。在做出反应前，先想想现有的事实和证据，再找个恰当的时间表明你的态度，而不是当即做出反应。

我们没有责任去改变被动攻击的人。本就要为自己的心理健康劳心劳神，我们哪里还有精力去改变他人？况且，就算我们愿意帮忙，也总会有人不想承认他们的行为或不愿意做出改变。既然如此，我们可以考虑和这样的人保持距离。不必把他们隔绝在我们的生活之外，但可以缩短与他们相处的时间，把更多精力放在自己的心理健康上。

了解并避免“毒鸡汤”

积极情绪本无可厚非，也是我们努力的方向，但它也有可能给我们带来负面作用，这又是为什么呢？杰米·扎克曼（Jamie Zuckerman）博士是成人焦虑症和抑郁症方面的专家，他解释说，“毒鸡汤”或“有毒的积极情绪”是一种假设，假设一个人即使感到痛苦也应该拥有积极的心态。它的理念是，通过思考积极的想法和感受积极的氛围，你就可以轻松改变生活。想一想我们每天会看到那么多的搞笑图片，你就明白我的意思了。我们所爱的人也常会安慰说，“往好的方面看”和“现在还不算最糟”。

这些说法都没错，但却低估了实际操作的难度，因为改变不在旦夕之间。睡前想想生活中的美好，醒来后整个人就焕然一新了——这样很难。

不只如此，人们常常认为消极情绪不好，我们不应该有，“毒鸡汤”也强化了这种错误观念。这样一来，我们被迫摒弃消极情绪，接受积极的情绪，也就是说，不得不强颜欢笑。然而，这样做不仅压抑了内心的消极情绪，我们也会因为自己有消极情绪而难过。

应对“毒鸡汤”时，我们要更细致地了解自身的感受，一个很好的方法就是写日记。通过写日记，我们可以接受消极情绪并承认它的存在。刻意忽略消极情绪会放大它们，但把它们写下来后，我们对这些情绪的感受也就没有那么强烈了（UCLA, n.d.）。

很多时候，我们会固执地认为情绪要么是积极的，要么是消极的，一定要把两者区分开来。这实际上还是不接受内心真实情感的一种表现。如果你快乐，你就不会因为快乐而感到内疚。如果你生气了，你不必因为生气而感到羞愧。你可以同时体验积极和消极两种情绪。

在处理人际关系时，我们也要注意“毒鸡汤”。如果你这段日子有点难过，你的另一半可能会说“克服一下”或者“这不是什么大事”，但这些不是你需要的。他们可能对此没有意识，还认为这些话可以让你好受些。

鉴别自我很重要。当别人将“毒鸡汤”强灌给你时，你要学会描述自己的感受。要让他们知道，有时候你需要的不是拯救或建议，而是一个尊重你的情绪的倾听者。

认清“有毒的积极想法”：如果你因为某些想法而无法确认自己的真实感受，那么这些想法就是“有毒的积极想法”。鼓励其他人也正视自己的情绪吧！在人们谈论他们的感受时，不要忽视他人的真实感受，也不要强行给他人灌“毒鸡汤”。

实用小练习

最后，让我们用一个小练习来回顾一下本章的内容。这一章的核心是抛却那些时常因他人而产生的消极情绪。

现在，拿出一张纸，在纸上写下任何影响你的消极经历、情绪、人或事。

写好之后，把纸撕碎并扔进垃圾桶。这听起来很简单对不对？但别小瞧这个扔的动作，有研究表明，这样做可以让我们产生不同的感受。美国心理科学协会（Association for Psychological Science，APA）的研究发现，把写有想法的纸扔掉的被试者就不会再为此苦恼了，而随身携带那张纸的被试者觉得他们的想法反而被放大了（Association for Psychological Science，2012）。

我们在写自己为什么产生消极情绪的时候，不是在逃避或压抑自己的情绪，而是在处理情绪，这正是把想法写在纸上的一个好处。

最后一章将着眼于乐观和积极情绪。为了帮你迎接改变，我们还会分析如何寻找和提高自尊，如何让积极思维和积极的自我对话自然地成为生活的一部分，以及如何开始享受当下。

第七章

收获正能量，
迎接新生活

正如我先前所讲，从消极到积极的转变需要一个过程，不是一夜之间就能做到的，时间、实践和耐心都很重要。

要实现转变，我们首先要努力理解并克服消极情绪，然后才能以更乐观的心态看待事物。

如果你感觉自己能更中立、客观地思考问题了，那就说明你已经做好了准备，可以在生活的各个方面接纳积极情绪了。

我必须强调，千万不要心急，不要跳过前面的章节直接看这一章。这样做的话，你没有足够的时间来排解消极情绪、反刍思维、焦虑和抑郁。或许你会在短时间内感觉很好，可是消极情绪过一段时间还是会出现。那就很有可能只是安慰剂效应（placebo effect），并不是真正的转变。

如果你觉得自己的生活被消极情绪支配，那么不妨再多花点时间重温我们讲过的方法和技巧。正所谓“成功在久不在速”，改变心态是一场持久战，我们要对自己有耐心。如果你此刻很向往积极的生活，那就让我们一起积极起来吧！

所得皆所愿

积极的想法会产生积极的结果。在20世纪80年代之前，“积极思维”这个概念并没有科学依据。1985年，迈克尔·F.沙伊尔（Michael F. Scheier）和查尔斯·S.卡弗（Charles S. Carver）两位心理学教授在其发表的研究中支持了“积极思考产生积极结果”的观点，并制定了《生活取向测验》（*Life Orientation Test, LOT*）[1]。在原测验的基础上，研究者又于1989年提出了《生活取向测验修订版》（*Life Orientation Test Revised*，LOT-R），用于评估个体的乐观程度。最初的研究群体为大学生，目的是了解乐观程度与健康之间是否存在联系。研究结果显示，学生越乐观，身体的不良症状就越少。

自此之后，积极思维受到学界的广泛关注，其中的研究焦点之一就是气质性乐观（dispositional optimism），即个体对未来事件抱有更多积极的期待，而非消极的期待。这样乐观的态度对身体健康有诸多益处，可以帮助人们减少抑郁、焦虑和压力，这也正是我们努力的方向。

虽然乐观的态度和积极的思维方式并不能阻止压力或担忧的发生，但这确实可以帮助我们转变看问题的视角，更好地找到解决方案。

那么，积极思维是怎样带来积极结果的呢？那些积极看待生活的人对于实现目标更加坚定，自身压力水平也较

---

1 对于LOT的翻译有很多版本，比如生活取向量表、生活定向测试、生活取向测试、人生导向测试等等。此处采用用得比较多的《教育学刊》里的翻译版本。——译者注

低，能更好地应对压力。积极思考者不会因为挫折而停止向目标前进，而是会从挫折中吸取经验。

下面这些小技巧很适合培养积极的心态，帮助你每天积极一点点，慢慢地取得进步。

1. 微笑

即使你不开心也要微笑，这就像是给大脑开了一个小派对一样。在微笑时，身体会分泌多巴胺、血清素、内啡肽等有益的快乐荷尔蒙。科学家还发现，微笑具有传染性（Hatfield et al., 1992），也就是说，你的微笑也会给他人带来阳光。

2. 拍下积极的事物的照片

每天拍一张积极事物的照片是非常好的做法，不过尽量不要在早晨一醒来就拍，而是要让自己有所期待，认为今天还会有更积极的事情发生。寻找一天中最积极的事物并拍下来，这样做会让大脑不断主动寻找生活中的美好。

3. 善待他人

大脑的奖励系统十分巧妙，当我们善待他人时，就会给予奖励，释放多巴胺，让我们感觉愉悦。给同事带一杯咖啡，给另一半按摩，给父母做一个蛋糕……这些令人意外的善举都能让我们的感觉变好。所以，从今天起，试着每天至少做一件善事吧。

4. 开启积极的对话

你在和别人聊天的时候，有多少次是从抱怨天气开始的？与其说“这活我永远也做不完”，不妨试试“我刚刚听了首特别好听的歌”。以一个正面的陈述开头，之后交谈的氛围就会轻松一些，别人也会认为你有更多的正能量。

5. 以变应变

因为疫情，不管是度假还是婚礼，我们原本的许多计划都被迫取消了。大多数人都觉得生活好像被按下了暂停键，不禁有些灰心丧气。或许距离生活恢复正常还有一段时间，不过，就算我们暂时没法按原计划出行，还是可以让自己提前进入状态。[1]

如果你打算去西班牙度假，何不听一听西班牙的弗拉明戈音乐，做份西班牙煎蛋卷，然后度过一个西班牙主题的夜晚？你还可以学习西班牙语，为日后去西班牙做好准备。

6. 明确目标

目标给予我们前进的动力。没有目标，我们就缺少了生活的动力，失去了对未来的期待。我们已经知道大脑具

---

1 本书写作时，疫情尚严重。——译者注

有不断学习新事物的能力，那么，一切都皆有可能，让我们以“我能行”的态度重新审视一下自己的目标。

想想那些你一直想做却认为不可能的事情。想的时候尽可能把这件事细化，明确你想要实现目标的时间，并针对每个目标制订切实可行的计划。

把你的目标和计划都写下来。写的时候，不仅要包括短期目标和长期目标，还有达成每个目标后的奖励。奖励是必不可少的，能让我们在逆境中激励自己并集中精力实现目标。

不要忘记经常检视自己的目标，观察自己是不是在沿着正确的轨道前进。

不要强迫自己变得积极乐观，但要努力看到生活中的美好。如果你实在找不到任何美好的事物，那就试着开始创造一些美好。

自我肯定与积极的自我对话

自我肯定与积极的自我对话可以让人变得更加乐观，增强自尊和信心，甚至提高工作效率。有些人可能觉得这些只不过是错觉而已，但科学研究结果对此提出了有力的证据。核磁共振扫描结果显示，个体在重复自我肯定陈述时，大脑的奖励中心会被激活。神经元开始受到刺激并形成连接，在大脑中建立奖励通路，从而使人有愉悦感（Social Cognitive and Affective Neuroscience，2015）。

一项有关学生自我对话的研究结果表明，将消极自我对话转变为积极自我对话的技能对学生有长远的影响，学生会因此改变他们对自己和他人的看法（Chopra，2012）。

积极的自我肯定和积极的自我对话有着很微妙的区别。在进行积极的自我肯定时，我们会口头或书面重复短句；而在进行积极的自我对话时，我们是在与潜意识进行对话。长期下来，大脑就会认为我们所说的是真实的。

那么，我们如何进行自我肯定和自我对话呢？在生活中，我们可以以积极的自我肯定开启新的一天。

比如，你可以对自己说："我能变积极！"在一天当中，你可以与自己对话，提醒自己要乐观。更重要的是，即使事与愿违，你也要保持积极的心态。

下面我会提供一些示例，既可以用于自我肯定也可以用于积极的自我对话。无论内容是什么，自我肯定和自我对话要有意义才行，这是非常重要的一点。

如果你在读完示例后没有任何感触，那么可以在示例的基础上进行修改，让它们更吸引你，或者你可以自己写一些有吸引力的陈述。

积极的自我肯定

- 我值得拥有我想要的。
- 有好事发生。
- 我是坚不可摧的强者。
- 我满怀欢喜，充满活力。
- 我出类拔萃。
- 我有精力实现自己所有的目标。
- 我相信自己的直觉。
- 我看到了生活积极的一面。

积极的自我对话

- 这只是一个想法，并不是现实。现在，一切都好。
- 恐惧无法控制我，也无法阻止我。
- 我还没有达到目标，但为目前所取得的进步感到骄傲。
- 我可以从这个错误中吸取教训，以免再犯。
- 我控制着自己的思想、感情和行动。这些都是我的分内事。
- 我每一天都是一个更好的自己。
- 我有精力和能力通过这个挑战。

◉ 我是一个聪明善良的人，值得拥有快乐。

让自我肯定成为你日常生活的一部分。给自己定一个目标，每天进行3~5分钟的练习，如果可能的话，重复2~3次。对于积极的自我对话，你可以自由进行，没有时间或次数限制。或许你在参加某个活动或进行某项任务前想找一些灵感时，也可能你只是想静静地坐着思考人生时，你都可以进行积极的自我对话。

如果你觉得很难进行积极的自我对话，那就创造一个潜意识的角色，由它来主导消极的自我对话。如此一来，消极的自我对话对你的影响就会变小。

必不可少的三个“自我”

自我关爱、自我照顾和自我欣赏是必不可少的，这是不是听起来很很自私？但自我绝不是自私！自私的人总是把自己的需求和快乐摆在第一位，不顾别人，而了解自我的人是不一样的。

我们先来了解一下这三个“自我”的概念：

◉ 自我关爱：个体具有辨别自身情绪的能力，会优先考虑自己的生理需求和精神需求，而后再考虑他人的需求。

◉ 自我照顾：个体想要成为最好的自己，认为只有照顾好自己才能照顾他人。

◉ 自我欣赏：个体认为每个人都有闪光点，愿意花时间发现当下真实的自我。

在了解三个“自我”之后，我们在照顾自己的时候要将这三个方面结合。自我照顾和自私不同，它之所以如此重要，是因为我们的肩上都多多少少担负着某种责任。我们要付账单，要照顾孩子或父母，要工作，要陪伴友人。如果我们没法照顾好自己，就更没法担负起责任。当我们担不起这些责任的时候，就会面对更多内部和外部的压力、消极情绪、焦虑和抑郁。

曾有学者对871名医学生的生理压力和心理压力进行了研究，让学生在2015年12月~2016年3月间对他们的自我照顾情况和生活质量进行自我评价。结果显示，自我照顾更多的学生感到压力得到了更大程度的缓解，其适应力也更强（Ayala et al.，2018）。

自我照顾在疫情环境下变得格外重要。我们肩上的任务变得太重……以前在放学后辅导孩子写作业，现在要全天在家辅导孩子学习，这是完全不同层次的责任。为了让所爱的人安心隔离，我们要付出额外的努力，这都会给我们的生活增加压力。

自我照顾的方法数不胜数，但并不是所有的都适合每个人。有的人可以在浴缸里泡20分钟澡为自己充电，但有的人就没有这个时间或条件。有的人可能讨厌按摩，还有的人可能一想到要跑5英里（约8公里）就头痛。

尽管如此，我们还是可以通过提高健康水平的方式来照顾自己。下面有几个照顾自己的方法，做得越多，效果越好。

1. 均衡膳食

你需要均衡膳食。蔬菜和水果可以提供身体所需的营养，碳水化合物能提供能量，脂肪丰富的鱼类、坚果和种子中含有Omega-3脂肪酸，是极好的健脑食品。

食物不止可以充饥，还可以带来精神上的享受。在忙碌的日子里，人们往往不觉得做饭是一种享受，而是一种负担，但如果我们可以每周学做一道新菜并享受其中的乐趣，这对于饮食和大脑健康都是有益处的。

2. 运动

运动有助于控制体重、改善心脏健康，还能降低多种疾病的罹患概率。此外，运动还可以降低压力，促进令人快乐的荷尔蒙分泌，并有助于提高睡眠质量。

美国的梅奥诊所和英国国家医疗服务体系都建议，

每周应进行150分钟的适度有氧运动或75分钟的剧烈有氧运动。

刚开始的运动强度不宜太大，即使每天步行10分钟也好。你可以循序渐进，逐渐增加运动强度。

3. 充足的睡眠

有些人每天需要睡8小时，而有些人只需要睡6小时。培养一套就寝习惯，至少在睡前半小时就开始准备入睡。正如之前所说，我们要避免在睡前喝咖啡，这听起来是很显而易见的道理，但具体是几点呢？如果你有睡眠问题，那么最好避免在下午3点后摄入咖啡因。

此外，尽量不要把电子设备放在卧室里。这可能有点难，但电子屏幕会产生蓝光，抑制褪黑素生成。而褪黑素是重要的睡眠激素，一旦分泌减少会导致入睡困难。

4. 多喝水

喝水的好处已经是老生常谈了，了解其背后的科学依据可以鼓励我们喝更多的水。

虽然不同年龄和性别的人存在一定体质差异，但人体中50%~75%是水，而脑组织含85%的水。

在睡觉前和睡醒后喝一杯水也有一定的帮助。为了提高每天摄入的水量，你可以设置闹钟提醒。如果你不喜欢喝白水，也可以往水里加片水果。

5. 有规律的休息

或许你会认为，把工作时间安排得满满当当会很有效率，但事实并非如此。大多数人一次最多只能集中注意力90分钟，之后最好离开办公桌和屏幕休息几分钟。

你也可以考虑改变一下工作环境。如果你有一张站立式办公桌，那就可以边工作边活动一下，或者趁打电话的时间走动走动。久坐会令人十分疲惫，有损身体健康。

6. 学习如何说“不”

如果不会说“不”，那么我们就会把时间都花在满足他人的需求上，而没有时间去照顾自己，也就忽视了自身的需求。有时，我们不得不接受这样一个事实：事必躬亲和身体健康很难两全。对他人说“不”并不意味着我们不友善，而只是我们保护自己的一种方法。

如果你既不想冒犯他人，又不想让他人左右你的想法，那不妨试试坚定自己的态度。在拒绝的时候用词要简短，不要觉得自己一定要向他人解释为什么不做别人想要我们做的事。如果时间允许，你还可以提出一个解决方案或替代方案。

7. 腾出时间做喜欢的事

即使生活一下子变得很紧张，也请不要忘记，我们曾经有许多喜欢做的事，有时还会开怀大笑。踢足球、打篮球、溜冰、和宠物一起玩……这些小时候做过的事你还记得吗？

如果你想参与一些活动，不如去看看你所在地区的社会团体或俱乐部有没有组织活动。你不用有负担，觉得一旦参加了就要一直参加下去。放松心态，借这个机会探索新的爱好，寻找能让你感到快乐的事物。

8. 井井有条

你有没有早上找不到钥匙的时候？像这样一件小事就会影响你接下来一天的压力水平。如果你忘记了密码，就会浪费时间在重置密码上。如果你错过了会议和计划，那就是不负责任的表现。

做事变得更有条理虽然只是一个小小的改变，但会让你的日常生活井井有条，帮助你找到控制感。在时间管理方面，我们可以利用应用程序、日历和计划清单；在空间整理方面，我们可以把钥匙、充电器、钱包等重要的日需品放在同一个地方，方便使用。

你或许觉得自我照顾需要花费很多时间，而我们每天的时间又十分有限。怎么办呢？我们可以在日程中提前预留出一段时间给自己，哪怕只是每天早上10分钟，或者每周安排两天，从中抽出半小时。利用这段时间给自己一份关爱，让这段时间成为你的专属。

你很快就会感觉更好，也更有活力。你能早起一些去锻炼，也不会再因为每周要去超市买东西而觉得身心疲惫。你会在工作时间完成更多的工作，也不用工作到很晚。自我照顾对于平衡工作和生活起到了非常重要的作用！

积极想法自动化

还记得消极偏见吗？我们会更容易记住坏事而非好事。每当我们回想起一个糟糕的时刻，大脑神经元就会受到刺激并生成连接，进而强化记忆。

如果我们可以用科学知识来打破消极偏见，停止消极思考，就可以用同样的科学手段来实现积极思考的自动化。

试想一下，你晚上刚和朋友一起出去玩，度过了开心的夜晚。你跳着、笑着，很久没有这么好的感觉了，你回到家后还会回想起这晚的时光。一觉醒来，想到那首你昨晚跟着跳舞的歌，你的嘴角上扬。白天的时候，想到朋友跳得那么滑稽……你又笑了。

每当你想起那美妙的夜晚，大脑神经元都处于兴奋状态并在产生新的连接。如果你每次都这样对待生活中发生的美好的事情，你的想法就会变得更加积极。这不仅有助于训练大脑自动地进行积极思考，还可以帮你提高分析和解决问题的能力。在解决当前的问题时，我们会回忆过往的经历。比如，你之前和朋友出去的经历很糟糕。如果有一个朋友邀请你出去，那你所做的决定也会基于之前的消极经历，所以你很有可能会拒绝邀请，这就是以往的经历限制了新的经历的表现。

如果你的大脑能自动进行消极思考，那么它也有能力自动进行积极思考，但你必须告诉大脑该怎么做！

活在当下的理由和方式

如果你曾经做过任何有关消极思维的研究，就会发现，几乎每个人都推荐用冥想法来调节消极情绪，而且理由也比较充分。冥想法和正念减压法可以用于应对我们讲到的问题，对抑郁、睡眠问题、侵入性思维和压力管理都有一定的调节效果。

就像自我肯定和积极思考一样，冥想法似乎是目前可以帮我们解决所有问题的方法。如果一个方法保留了数千年，那我们就很难否认其有效性。

几个世纪以来，冥想法一直是人们感受自己活在当下的一种方式。每天花一点时间享受此时此刻的美好，我们就不会担忧过去和未来，而只会专注于当下。

有意识地专注于当下能让我们保持情绪稳定、缓解压力，还有利于应对消极想法和情绪。它给了我们一个机会去欣赏生活中那些能让我们快乐的小事，如果我们看得仔细，还可以欣赏到世上那些令人惊叹的事物。

“正念冥想”对个体当下的生活有积极的影响。关于这一点，有很多学者都进行了研究。Minded（2018）的研究证实，冥想法可以提高个体注意力、改善心理健康、加强人际关系，甚至减少偏见。

“当下”或现在的时刻应该受到更多的关注！现在介于过去和未来之间，将两者分开。现在的时刻转瞬即逝，它一旦逝去，我们就永远没法再回到现在。那我们如何享受当下呢？不妨试试正念冥想吧！

1. 选取合理的练习时长。在刚开始练习时，我们可能只能坚持几分钟，不过不用担心，你还处于学习阶段。在冥想时，要确保不被干扰，记得关闭手机。

2. 在冥想时，你不一定要盘腿坐，也可以选择坐、躺，甚至走路，只要感到舒服就好。

3. 注意身体姿态。你的肌肉是否处于放松状态？你需要换一个姿势使身体放松吗？

4. 用五感充分感知当下。正念冥想不是让大脑沉默，而是让大脑关注正在发生的事情，比如关注皮肤的温度，关注光照在皮肤上的感觉。你能听到什么？闻到什么？

5. 缓慢地深呼吸，让腹部充满空气，然后再呼气。把注意力放在你的呼吸上。你还可以数一数自己呼吸的次数。

6. 走神。走神是很正常的，你不必责怪自己。万千思绪来回反复，我们不需要特别在意。如果下次你发现想法飘走了，那就把它想象成一个气球，不过是飘走了罢了。

7. 重新把注意力放在呼吸上。当你每次走神的时候，不用在意，然后再把注意力重新放在呼吸上。

我们的目标是逐渐增加冥想时间，每天冥想10~20分钟。你可以从几分钟开始，每天做两三次，或者在需要的时候进行冥想。每次我需要在一大群人面前讲话之前，都会花几分钟来进行正念冥想。你可能在练习几周后才能体会正念冥想的好处，所以请坚持练习，不要只是试了一两天就放弃。

说起来容易，做起来难。我们要让大脑安静下来去接受想法，但又不让想法占据主导，这听起来很简单，但其实不然。除了正念冥想外，你还可以尝试其他类型的冥想法。

“有毒想法”变“积极行动”的简单方法

“有毒想法”最令人不快，不管这个想法是关于你自己还是其他人，它都不能给我们提供任何价值。也就是说，它唯一能带来的就是自我怀疑、消极的自我对话、反刍思维和消极旋涡。

随着自信和自尊的提升，关于我们自己的有毒想法就会减少。同时，我们还会利用这些有毒的想法去激励自己的行动，促使我们做出期待的改变。要做到这一点，我们可以将有害想法和积极的自我对话相结合。下面就是几个结合的例子，冒号左边是有害的想法，而右边是结合积极的自我对话后的陈述。

- 我很丑：我皱眉的时候很难看，所以我需要记得多微笑。
- 我减肥永远也不会成功：我要在××××（时间）内瘦××（斤），将有氧运动强度由×提高至×。
- 我不会升职，因为我不够聪明：如果参加这门在线课程，我就可以与同事具备相同的资格。如果参加两门在线课程，我就会更有资格。
- 我讨厌总是被朋友取笑：我的脸皮变厚了，人也变得更坚定了，朋友的话伤害不了我。

一般而言，大多数人都认为愤怒是一种不好的情绪，但不管它是好是坏，对于我们而言，如何利用愤怒才是最重要的。

“有毒想法”会激起许多情绪——怜悯、羞耻、内疚、沮丧和失望等等。如果我们能将一个“有毒想法”转化为愤怒，并善用它，又当如何呢？

不要因“有毒想法”而停下脚步，相反，可以将它们转化为愤怒。你的父母无权事无巨细地插手你的生活，你的老板也不能操控你、让你加班……你并非恶人，只是对这些事情感到愤怒，并利用这种愤怒来创造能量，采取行动。

我们之所以因某事而生气，是因为我们在乎这件事。气候变化、种族主义和性别暴力等全球性问题可能会引发一些“有毒想法”。与其认为我们生活的世界就是这么糟糕，趁着生气做点什么不是更好吗？

如果有人虐待你，那就不要扮演受害者，不要一味地接受，该生气就生气。稍微运动一下，放空一下头脑，然后走过去告诉这个人，你再也受不了了。

记住，你可以控制愤怒，但不能被愤怒控制。这个技巧相对比较高级，你需要充分意识到自己的情绪，并知道如何在生气后恢复平静。

当你无法控制情绪的时候，可能会因为愤怒而采取行动。但只有在你能控制愤怒的时候，才能采取积极的行动。

实用小练习

这个小练习需要15分钟的时间。虽然听起来有点长，但抛开这15分钟，我们每天还有1425分钟可以去做其他事。这15分钟很关键，也很简单，你只需要早起15分钟，就能以积极的心态开始新的一天。

首先，做几次深呼吸。拉伸你的肌肉，留意颈部、肩部和脊椎的活动。然后选择一项剧烈的有氧运动，比如跳绳、蹦跳或原地跑步。再选择一项低强度有氧运动，比如原地踏步或跳舞。

我们要先做30秒的高强度有氧运动，然后进行1分钟的低强度有氧运动，如此重复4次。接下来，我们再做一些伸展运动。拉伸完成后，花几分钟时间进行冥想，放松身心。最后，用一个积极的自我肯定或感恩的陈述结束这15分钟的训练。

洗个澡，然后换身干净的衣服，此时你的身心都处于一天最佳的状态。如果你已经积极锻炼了一段时间，你或许可以做得更多，这很好。现在，你要做的就是迈出改变的第一步，不需要借助任何设备，也不要找任何借口。一旦迈出了第一步，你就能让它逐渐变成你日常生活的一部分，你也可以逐步做出调整，提高训练时长和强度。

结束语

没什么比一段永不泯灭、令人难忘的记忆更让人精神错乱。

——达纳拉·福特（Darnella Ford）

感觉没有对错，你才是自己情绪的主宰者。生活不易，面对狂风骤雨，我们或许会觉得力不从心，没法到达彼岸。但请你知道，在这条路上，你并不孤单。有很多人曾同你一样陷入消极情绪的旋涡，你可以像他们一样主动选择改变，抛下消极情绪，继续前行。

我在书中讲了很多与情绪相关的内容，也介绍了各种技巧和方法。你不用担心自己一时消化不了，很多技巧不一定是你需要的。

我们每个人都是独立的个体，有些策略对有的人有效，对有的人可能就无效。在阅读的时候，有的建议可能一下就抓住了你，给你留下了深刻的印象。

不妨再复习一下之前的章节，挑几个让你印象深刻的方法试一试。我建议，尝试的时候先从小事做起。可以尝试多种方法，但这并不意味着我们要把每一个方法都尝试一遍。

如果在试过所有方法后，你仍然觉得情况没有改善，或者觉得根本没有希望，那么你可能有更深层次的问题需要解决，这时就要及时就医，寻求专业帮助。在配合医生治疗的同时，也可以使用本书所介绍的技巧进一步调节。

让我们再来回顾一下克服消极思维的7步法（“了——解——打——消——重——放——收”）和每一步的重点内容。

要想摆脱消极思维，第一步就是“了”解大脑的运作机制。大脑本来就有消极偏见，这使得摆脱消极想法难上加难。虽然有难度，但是我们之前也讲过，消极思维模式是可以被打破的。在第一章中，我们了解了消极思维和反刍思维的根源。

第二章“解”析了思维模式，我们可以通过各种心智模型来拓展思维。这一章还介绍了简单易用的心理自测工具，可以帮助我们辨别自己的生活观和世界观。其中，“自测工具1”直观地列出了12种消极思维模式，非常适合提高自我认识。通过将自己的经历按表中模式分类，我们可以更清楚地了解消极思维的复杂性，知道它远不只是“悲观”而已。

对其有了一定的了解后，第三步就是“打”败消极思维。第三章介绍了10个有效的自我调节方法，一些小改变就可以让你的居住环境更加充满活力。此外，我们还分析了成长型思维（和固定型思维的区别），以及培养成长型思维的方法。

在这部分，我认为要特别注意一下消极思维的恶性旋涡。这样的恶性消极想法会让人格外痛苦，它们会像山上滚下来的大石一样，越滚越快，动能越来越大，让人越陷越深。

我曾问过身边的客户、朋友、家人和读者，大多数人觉得其实只要多睡一会，就会有更多的精力来处理消极情绪。

在第四章中我们讲的是如何“消”除反刍思维，因为只有先停止反刍思维，我们才能放空自己，从而摆脱消极情绪。要记住，无论是过去、未来的事，还是他人的看法，都不能左右我们当下的人生。

正如第五章讲到的，我们心中有一个批判的声音，主导着思想，这也就是为什么我们需要“重”塑大脑。

就我而言，我最喜欢完全放空自己，平复思绪。还有一个很快的方法，就是往自己脸上泼冷水。这个方法有神经科学方面的依据，我也屡试不爽。

“放”下消极情绪和“收”获正能量都需要前期的努力积累。首先，我们要有耐心，心急吃不了热豆腐。其次，我们要先走完前5步，让自己处于一个良好的状态，做好迎接积极事物的准备。

此刻你或许在想，自己连起床都费劲，又哪来的动力健身。的确，你或许会经历一场巨大的心理斗争，但这场仗你一定要赢。记住，你面对的不仅仅是起床跑步或去健身房而已，还有更深层次的问题。

从小事开始改变，一步一个脚印。散一会步，在家原地慢跑，或者跟着健身软件练5分钟瑜伽……这些都是好的开始。

最难的不是开始，而是习惯的养成，是日复一日的坚持。增强体育锻炼可以帮助我们改变看待自己和生活的方式。

同体育锻炼一样，冥想也可以给我们的身心带来诸多意想不到的益处。当然，这也需要一段时间的坚持才能看到效果。在开始之前，我们首先需要对冥想持积极的态度——相信冥想是有用的，这样大脑才会相信冥想的作用。

大脑是一个神奇的存在。无论是生理还是心理方面的内容，我们告诉大脑什么，它就相信什么，十分简单。科学告诉我们，只要愿意，我们就能做出改变。既然你已经读到此处，那很明显你是愿意做出改变的。

那么就请怀着这份渴望和决心坚持到底，一点一点做出改变。你心里那个“消极小人”或许会说你在做无用功，但请不要在意，一定要坚持下去。

时间会证明，只要你用对技巧并持之以恒，总会看到进步。我们要学会对“消极小人”说“不”，也要善待自己，给自己时间享受当下。只要摆正心态，即便是打扫卫生这样的日常小事，也可以有积极的意义。

我对你有绝对的信心，相信你在本书的帮助下可以享受更积极乐观的生活。你愿意主动选择停止消极思维，光这一点就很棒！之前有读者跟我分享，说他们的生活因此书而发生了巨大的变化。每每听到这样的反馈，我都由衷地感到开心。希望这本书能够帮助更多人，让他们都能在暗夜中找到属于自己的星光。

参考资料

Anxiety & Depression Association of America. (n.d.-a). *Facts & Statistics | Anxiety and Depression Association of America, ADAA*. ADAA. Retrieved October 12, 2021.

Anxiety & Depression Association of America. (n.d.-b). *Social Anxiety Disorder | Anxiety and Depression Association of America, ADAA*. ADAA. Retrieved October 12, 2021, from https://adaa.org/understanding-anxiety/social-anxiety- disorder

BBC. (2021, March 5). *Neuroplasticity: How to rewire your brain*. BBC Reel. https://www.bbc.com/reel/video/p098v92g/ neuroplasticity-how-to-rewire-your-brain

Bothered by Negative, Unwanted Thoughts? Just Throw Them Away. (2012, November 26). Association for Psychological Science-APS. https://www.psychologicalscience.org/ news/releases/bothered-by-negative-unwanted-thoughts- just-throw-them-away.html

Bradt, S. (2010, November 11). *Wandering mind not a happy mind*. Harvard Gazette. https://news.harvard.edu/gazette/ story/2010/11/wandering-mind-not-a-happy-mind/

Bright, R. M. (2012, October 29). *Impact of positive self-talk*. OPUS. https://opus.uleth.ca/handle/10133/3202

Brooker, H. (2019, July 1). *The relationship between the frequency of numberâpuzzle use and baseline cognitive function in a large online sample of adults aged 50 and over*. Wiley Online Library. https://onlinelibrary.wiley.com/doi/abs/10.1002/gps.5085

Cacioppo, J. T. (2014, June 27). *The negativity bias: Conceptualization, quantification, and individual differences | Behavioral and Brain Sciences*. Cambridge Core. https://www.cambridge.org/core/journals/behavioral-and-brain- sciences/article/abs/negativity-bias-conceptualization- quantification-and-individual- differences/3EB6EF536DB5B7CF34508F8979F3210E

Camacho, L. (2019, February 26). *Four Ways Negativity Bias Slows You Down (And How To Stop It)*. Forbes. https://www. forbes.com/sites/forbescoachescouncil/2019/02/26/four-ways-negativity-bias-slows-you-down-and-how-to-stop-it/? sh=27fb3cf2c5f9

Cascio, C. N. (2015, November 5). *Self-affirmation activates brain systems associated with self-related processing and reward and is reinforced by future orientation*. NCBI NLM NIH. https://www. ncbi.nlm.nih.gov/pmc/articles/PMC4814782/

Castillo, B. B., & Nolan, C. (2019, April 3). *Deepak Chopra: How to rewire your brain for success*. CNBC. https://www.cnbc. com/video/2019/04/03/deepak-chopra-how-to-rewire- your-brain-for-success.html

Chapman Ph.D., B. P. (2013, July 14). *Emotion Suppression and Mortality Risk Over a 12-Year Follow-up*. NCBI NLM NIH. https://www.ncbi.nlm.nih.gov/pmc/ articles/PMC3939772/

Cirino, E. (2019, April 18). *10 Tips to Help You Stop Ruminating*. Healthline. https://www.healthline.com/ health/how-to-stop-ruminating#tips

Cohen, L. G. (1998, July). *Studies of neuroplasticity with transcranial magnetic stimulation*.

PubMed. https://pubmed. ncbi.nlm.nih.gov/9736465/

Farnam Street. (2021, June 2). *Mental Models: The Best Way to Make Intelligent Decisions (~100 Models Explained)*. https://fs. blog/mental-models/

FBI. (2021, June 14). *Uniform Crime Reporting (UCR) Program*. Federal Bureau of Investigation. https://www.fbi.gov/ services/cjis/ucr

Frothingham, S. (2019, October 24). *How Long Does It Take for a New Behavior to Become Automatic?* Healthline. https:// www.healthline.com/health/how-long-does-it-take-to-form-a-habit

Goldstein, M. (2021, March 2). *How to Control Your Thoughts and Be the Master of Your Mind*. Lifehack. https://www. lifehack.org/articles/lifestyle/how-to-master-your-mind- part-one-whos-running-your-thoughts.html

Harvard University. (n.d.). *Identifying Negative Automatic*

Thought Patterns. Stress & Development Lab. Retrieved October 12, 2021, from https://sdlab. fas.harvard.edu/ cognitive-reappraisal/identifying-negative-automatic- thought-patterns

Heckman, W. (2019, September 25). *42 Worrying Workplace Stress Statistics*. The American Institute of Stress. https:// www.stress.org/42-worrying-workplace-stress-statistics

Jeffrey, S. (2020, June 23). *Change Your Fixed Mindset into a Growth Mindset [Complete Guide]*. Scott Jeffrey. https:// scottjeffrey.com/change-your-fixed-mindset/#A_4-Step_Process_to_Change_Your_Mindset

Kim, E. S. (2017, January 4). *Optimism and Cause-Specific Mortality: A Prospective Cohort Study*. Oxford Academic. https://academic.oup.com/aje/article/185/ 1/21/2631298

Koeck, M.D., P. (n.d.). *How does our brain process negative thoughts?* 15Minutes4Me. Retrieved October 12, 2021, from https://www.15minutes4me.com/depression/how-does-our-brain-process-negative-thoughts

Kurland Ph.D., B. (2018, September 13). *Reversing the Downward Spiral*. Psychology Today. https://www. psychologytoday.com/us/blog/the-well-being-toolkit/ 201809/reversing-the-downward-spiral

LaFreniere, A. S., & Newman, M. G. (2020, May 1). *Exposing Worryâs Deceit: Percentage of Untrue Worries in Generalized Anxiety Disorder Treatment*. ScienceDirect. https:// www. sciencedirect.com/science/article/ abs/pii/S0005789419300826

M. (2021, April 5). *8 Ways to Stop Taking Things Personally*. Dare to Live Fully. https:// daringtolivefully.com/stop- taking-things-personally

Mackenzie, C.H.T., Ph.D., L. (n.d.). *Take A Hidden Negativity Test by Linda Mackenzie*. Linda Mackenzie's Mind Center. Retrieved October 12, 2021, from http://www. lindamackenzie. net/hiddennegativitytest.htm

Maloney, B. (2020, January 22). *The Damaging Effects of Negativity by Bree Maloney*. Marque

Medical. https:// marquemedical.com/damaging-effects-of-negativity/

Manchester City Council. (2019, August 29). *'Ey up petal – how docs are prescribing plants to keep Mancs (k)ale and hearty*. Healthier Manchester. https://healthiermanchester.org/ey-up-petal-how-docs-are-prescribing-plants-to-keep-mancs- kale-and-hearty/

National Institute of Mental Health. (n.d.). *NIMH Social Anxiety Disorder: More Than Just Shyness*. NIMH. Retrieved October 12, 2021, from https://www.nimh.nih.gov/ health/ publications/social-anxiety-disorder-more-than-just- shyness

NeuroImage. (2015, January 15). *The artist emerges: Visual art learning alters neural structure and function*. ScienceDirect. https://www.sciencedirect.com/science/article/ abs/pii/ S1053811914009318

New Neuroscience Reveals 4 Easy Rituals That Will Make You Stress-Free. (2017, June 11). Barking Up The Wrong Tree. https://www.bakadesuyo.com/2017/02/stress-free/

NHS website. (2021, August 4). *5 steps to mental wellbeing*.

Nhs.Uk. https://www.nhs.uk/mental-health/self-help/ guides-tools-and-activities/five-steps-to-mental-wellbeing/

Nittle, N. (2021, July 2). *Can Social Media Cause Depression?* Verywell Mind. https://www.verywellmind.com/social- media-and-depression-5085354

Raypole, C. (2020, March 17). *Meet Anticipatory Anxiety, The Reason You Worry About Things That Haven't Happened Yet*. Healthline. https://www.healthline.com/health/ anticipatory-anxiety#coping-tips

Riggio Ph.D., R. E. (2012, June 25). *There's Magic in Your Smile*. Psychology Today. https:// www.psychologytoday. com/us/blog/cutting-edge-leadership/201206/there-s- magic-in-your-smile

Robson, D. (2020, August 18). *The 'Batman Effect': How having an alter ego empowers you*. BBC Worklife. https://www. bbc.com/worklife/article/20200817-the-batman-effect- how-having-an-alter-ego-empowers-you

Ryan, T. (2021, May 20). *The Best Essential Oils for Sleep*. Sleep Foundation. https://www.sleepfoundation.org/best- essential-oils-for-sleep

Sabxe, D. E., & Repetti, R. (2009, November 23). *SAGE Journals: Your gateway to world-class research journals*. SAGE Journals. https://journals.sagepub.com/ action/cookieAbsent

Sánchez-Vidaña, D. I. (2017). *The Effectiveness of Aromatherapy for Depressive Symptoms: A Systematic Review*. PubMed Central (PMC). https://www.ncbi.nlm.nih.gov/ pmc/articles/ PMC5241490/

Sanju, H. K. (2015, December). *Neuroplasticity In Musicians Brain:Review*. Research Gate. https://www.researchgate.net/ publication/286451613_Neuroplasticity_In_Musicians_BrainReview

Santos-Longhurst, A. (2018, August 31). *High Cortisol Symptoms: What Do They Mean?* Healthline. https://www. healthline.com/health/high-cortisol-symptoms#meaning

Scale of the Human Brain. (2020, December 11). AI Impacts. https://aiimpacts.org/scale-of-the-human-brain/

Scheier, M. F., & Carver, C. S. (2019, December 1). *Dispositional Optimism and Physical Health: A Long Look Back, A Quick Look Forward*. NCBI NLM NIH. https://www.ncbi. nlm. nih.gov/pmc/articles/PMC6309621/

Scully, S. M. (2020, July 22). *'Toxic Positivity' Is Real — and It's a Big Problem During the Pandemic*. Healthline. https:// www.healthline.com/health/mental-health/toxic-positivity-during-the-pandemic#So,-how-do-you-deal-with-toxic- positivity

Sethi, S. (2020, October 7). *How to Tone Your Vagus Nerve and Why You Should*. Dr. Shelly Sethi. https://www.drshellysethi. com/2020/02/how-to-tone-your-vagus-nerve-and-why-you-should/

Skoyles, C. (2021, January 12). *5 Breathing Exercises for Anxiety (Simple and Calm Anxiety Quickly)*. Lifehack. https://www. lifehack.org/761526/breathing-exercises-for-anxiety-simple-and-calm-anxiety-quickly

Staff, N. (2020, October 12). *Tips to Help Stop Intrusive Thoughts*. Northpoint Recovery's Blog. https://www.northpointrecovery.com/blog/7-tips-deal-stop-intrusive- thoughts/

Stillman, J. (2021, January 5). *Bill Gates Always Reads Before Bed. Science Suggests You Should Too.* Inc.Com. https://www. inc.com/jessica-stillman/bill-gates-always-reads-for-an-hour-before-bed-science-suggests-you-should-do-same.html

the Healthline Editorial Team. (2020, April 7). *The Benefits of Vitamin D.* Healthline. https://www.healthline.com/ health/food-nutrition/benefits-vitamin-d#fights-disease

Wegner, D. M. (1987, July). *Paradoxical effects of thought suppression.* PubMed. https://pubmed.ncbi.nlm. nih.gov/3612492/

What to Know About 4–7-8 Breathing. (2021, June 14). WebMD. https://www.webmd.com/balance/what-to- know-4-7-8-breathing

Why we should drink water at work. (n.d.). Water Plus Limited. Retrieved October 12, 2021, from https://www.water-plus. co.uk/fresh-thinking-hub/why-we-should-drink-water-at-work

Wolff, C. (2019, March 18). *How Negativity Actually Messes With Your Brain Chemistry.* FabFitFun. https://fabfitfun.com/ magazine/negativity-effects-brain-chemistry/

Wong, Y. J. (2016, May 3). *Does gratitude writing improve the mental health of psychotherapy clients? Evidence from a randomized controlled trial.* Taylor & Francis. https://www.tandfonline. com/doi/abs/10.1080/10503307.2016.1169332?scroll= top&needAccess=true&journalCode=tpsr20

图书在版编目（CIP）数据

你为什么总是胡思乱想 / (乌克兰) 查斯·希尔著 ; 丛岑译. -- 杭州 : 浙江教育出版社, 2024.4
ISBN 978-7-5722-7589-0

Ⅰ. ①你… Ⅱ. ①查… ②丛… Ⅲ. ①情绪－自我控制－通俗读物 Ⅳ. ①B842.6-49

中国国家版本馆CIP数据核字(2024)第046886号

你为什么总是胡思乱想
NI WEISHENME ZONGSHI HUSILUANXIANG
[乌克兰]查斯·希尔　著　丛岑　译

总 策 划　李　娟　　**执行策划**　王思杰
责任编辑　王晨儿　　**文字编辑**　骆　珈
责任校对　傅美贤　　**美术编辑**　韩　波
责任印务　曹雨辰

出版发行　浙江教育出版社（杭州市天目山路40号　邮编：310013）
印　　刷　北京盛通印刷股份有限公司
开　　本　787mm×1092mm　1/32
印　　张　6
字　　数　100 800
版　　次　2024年4月第1版
印　　次　2024年4月第1次印刷
标准书号　ISBN 978-7-5722-7589-0
定　　价　52.00元

人啊，认识你自己！